Jeux finis et infinis

Du même auteur

Le Fascinant Nombre pi
Pour la science, 1997

Jeux mathématiques et mathématiques des jeux
Pour la science, 1998

Information, complexité et hasard
Hermès science publications, 1999

Merveilleux nombres premiers :
voyage au cœur de l'arithmétique
Pour la science, 2000

L'Intelligence et le Calcul :
de Gödel aux ordinateurs quantiques
Pour la science, 2002

L'Infini dans les sciences, l'art et la philosophie
L'Harmattan, 2003

Les Inattendus mathématiques :
art, casse-tête, paradoxes, superstitions
Belin, 2004

Le Hasard : une idée, un concept, un outil
L'Harmattan, 2005

Complexités : aux limites des mathématiques et de l'informatique
Pour la science, 2006

Au pays des paradoxes
Pour la science, 2008

Complexité aléatoire et complexité organisée
Quae, 2009

JEAN-PAUL DELAHAYE

Jeux finis et infinis

OUVRAGE PUBLIÉ AVEC LE CONCOURS
DU CENTRE NATIONAL DU LIVRE

ÉDITIONS DU SEUIL
*27 rue Jacob, Paris VIe*

ISBN 978-2-02-096483-8

www.editionsduseuil.fr

Introduction

Deux préjugés s'opposent et se contredisent. Celui du mathématicien, qui aime dire que les mathématiques commencent avec l'*infini* et qui sous-entend plus ou moins que ce qui est *fini* est toujours un peu trop facile. Celui du sens commun, qui considère en revanche que l'*infini* est impossible à maîtriser et que nous, pauvres humains, nous ne pouvons donc pas nous amuser à des jeux infinis. Les deux sont dans l'erreur.

Les mathématiques du fini sont aussi difficiles et profondes que celles de l'infini, bien qu'elles aient l'avantage quand on les pratique de fournir la certitude qu'on n'est pas en train de rêver et de se raconter des histoires...

Quant au préjugé du sens commun, il se trompe aussi, car les jeux avec l'infini sont possibles et nombreux ; tout le monde peut les comprendre et s'en amuser. L'infini pour celui qui aime jouer n'est pas une abstraction à fuir ; d'ailleurs, les jeux finis s'appuient eux-mêmes souvent sur un infini caché (par exemple, celui de l'ensemble de leurs configurations) et finalement jouer, c'est toujours apprivoiser de l'infini.

Le but de ce livre composé autour des thèmes mathématiques variés se trouve justement là : vous persuader que le *fini* est aussi inépuisable et subtil que l'*infini* dont la compréhension n'est pas réservée aux puissances divines. L'un comme l'autre se retrouvent dans toutes sortes de divertissements combinatoires et graphiques. Le *fini* et l'*infini* s'associent délicatement et s'entremêlent miraculeusement, leur dialogue ininterrompu affine notre perception et rend le monde plus clair dans nos esprits qui cherchent à en découvrir les clefs.

Le chapitre 1 traite d'un jeu *localement fini* qui se joue sur un damier infini que des passionnés depuis quarante ans étudient avec ferveur : le *Jeu de la vie* de John Conway. On y présente quelques-unes des constructions inouïes mises au point par les amateurs à coups de milliers d'heures de calculs d'ordinateurs et d'explorations patientes, minutieuses et parfois géniales. La physique abstraite et combinatoire qui se déploie dans cet univers planaire semble totalement invraisemblable. Elle nous apprend que la complexité est susceptible de naître de presque rien.

Le chapitre 2 aborde les jeux finis et infinis que des méthodes d'analyse résolvent totalement en formulant des stratégies gagnantes pour l'un des joueurs. L'infini des *ordinaux* de Georg Cantor dans le cas des jeux infinis est crucial mais, loin d'être une abstraction inaccessible, il se montre ici concret et utile.

Le chapitre 3 aborde un type de jeux que nous pratiquons tous chaque jour, entre nous, dans le monde social et économique. La question posée est celle de la rationalité de nos comportements. Cette rationalité supposée par les économistes et la théorie des jeux est finalement bien incertaine. C'est ce qu'établissent les expériences menées en laboratoire avec des sujets humains à qui on demande de participer à des jeux finis… impliquant parfois un raisonnement infini.

Le chapitre 4 montre qu'on peut jouer à des jeux d'une durée infinie et même y découvrir des méthodes assurant de gagner formulables… en termes finis. Ces jeux à l'apparence anodine sont au cœur des réflexions sur l'infini des grands ensembles où ils sont les premiers pas de la résolution d'un problème posé il y a plus de cent ans par Cantor : l'*hypothèse du continu*.

Le chapitre 5 est essentiellement ludique et, par le biais d'un jeu fini de transformations d'images, il tente de rendre visibles et évidentes quelques notions liées à la théorie des groupes et aux courbes de longueur… infinie.

Le chapitre 6 s'intéresse aux *pavages fins* de la droite, du plan et de l'espace. Ce jeu – infini au possible – consiste à remplir sans chevauchement ces ensembles géométriques continus à l'aide de morceaux identiques sans épaisseur. L'existence d'un pavage de l'espace par des cercles (de rayon non nul) est étonnante d'autant qu'on prouve aussi que le plan ne peut pas, lui, être pavé par des cercles.

Le chapitre 7, finalement, propose un jeu d'imagination à propos de l'infini. Qu'est-ce que pourrait être un livre infini ? Y en a-t-il de plusieurs types ? Comment, avec nos moyens finis, les manipuler, les classer et les identifier ? Là encore, le continu et le discret se mêlent et nous réservent de belles surprises.

Les chapitres peuvent être lus indépendamment les uns des autres ; souvent même, les encadrés ne demandent pas de s'être plongé dans le texte principal : piochez-en un au hasard et, s'il accroche votre curiosité, cherchez la première page du chapitre et… jouez*.

* En notant par A les chapitres les plus faciles et par C ceux qui demandent le plus de concentration, les chapitres se classent de la manière suivante : chapitre 1A ; chapitre 2B ; chapitre 3A ; chapitre 4C ; chapitre 5A ; chapitre 6B ; chapitre 7A.

Chapitre 1

Quarante ans de *Jeu de la vie*

Survivre, se déplacer et calculer

RÉSUMÉ. Les automates cellulaires, dont le *Jeu de la vie* est le plus remarquable exemple, poursuivent leur propre évolution sur un damier à cases carrées. La mécanique élémentaire qui détermine leurs mouvements est d'une grande simplicité, et pourtant, comprendre ce qu'ils font et les « programmer » est un art subtil. Depuis bientôt quarante ans, les passionnés de ce jeu localement *fini* qui se déroule sur un terrain *infini* y construisent des configurations aux propriétés fantastiques.

Les drôles de machines des ingénieurs du *Jeu de la vie*

Calculer, c'est *observer, se souvenir* et *agir*. Celui qui effectue une multiplication avec un papier et un crayon regarde les nombres qu'il doit multiplier, s'en souvient (au moins partiellement à chaque étape du calcul), se remémore les tables de multiplication, et cela détermine le résultat qu'il pose sur le papier. Dans le cours de la multiplication, il doit aussi se souvenir de l'endroit précis où le calcul en est arrivé et s'il y a des retenues.

Le mécanisme le plus élémentaire de calcul conçu par les mathématiciens est l'*automate fini*. L'automate fini procède lui aussi selon le principe : *observer, se souvenir* et *agir*. L'automate *observe* les autres automates autour de lui – on suppose que des automates identiques sont placés sur toutes les cases d'un damier infini –, *se souvient* de l'état dans lequel il se trouve (les états internes de l'automate sont en nombre fini, c'est ce qui lui donne son nom) et *agit* en changeant d'état selon des conventions invariables qui le caractérisent – conventions assimilables à un programme. Ce type de calculateur élémentaire est nommé aussi *automate cellulaire*.

Un exemple simple est l'automate *Déplacement Est* : chaque cellule possède deux états possibles 0 et 1 (vide ou plein ; blanc ou noir). Pour changer d'état, chaque automate examine l'état de son voisin Ouest, le mémorise et agit en l'adoptant pour nouvel état. Si un motif géométrique composé de 0 et de 1 est dessiné sur le plan et qu'on fasse fonctionner chaque automate une fois – on dit qu'on calcule *une nouvelle génération* –, le motif se déplace d'une case vers l'Est.

ENCADRÉ 1.1

Automate cellulaire *Déplacement Est*

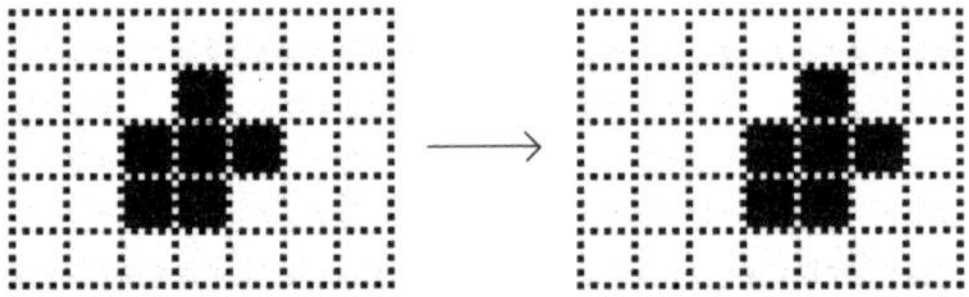

D'une génération à la suivante, l'automate cellulaire *Déplacement Est* reproduit le motif initial en le décalant d'une case vers la droite. La règle de fonctionnement de chaque cellule est élémentaire : observer l'état – noir ou blanc – de la cellule voisine de gauche et l'adopter comme nouvel état.

Le *Jeu de la vie*

Tous les automates cellulaires du plan ne sont pas intéressants et, par exemple, l'automate *Déplacement Est* n'est guère susceptible de nous surprendre. Ce n'est pas général et John von Neumann a établi dans les années 1940 l'existence d'automates autoreproducteurs, c'est-à-dire possédant des configurations qui, en fonctionnant, créent des copies d'elles-mêmes. Le système conçu par von Neumann était d'une très grande complexité. Cependant, ce premier travail a suggéré que certains automates cellulaires assez simples devaient produire des dynamiques évolutives variées. En 1970, John Conway fixa les règles du *Jeu de la vie* qui est un automate cellulaire particulier du plan dont l'intérêt ne s'est jamais démenti depuis.

Martin Gardner présenta ce jeu dans un article paru en octobre 1970 dans la revue *Scientific American* ; il est sans doute à l'origine de cette communauté d'explorateurs-expérimentateurs qui tentent d'élucider les mystères de cet univers *infini* où, comme dans le nôtre, tout est localement *fini*.

Puisqu'il s'agit d'un automate cellulaire, le *Jeu de la vie* fonctionne seul sans qu'aucun joueur intervienne ou, pour le dire comme le propose Conway, c'est un *« zero-player game »*. Une science nouvelle en est sortie et poursuit l'étude d'un monde dont la définition tient en trois lignes, mais dont la richesse semble inépuisable, au point que certains la jugent équivalente à celle de notre monde physique. Cette discipline est à la croisée des chemins de la physique – on y construit des sortes de machines –, de la biologie – les êtres qu'on y étudie sont des cellules qui naissent et meurent et leurs configurations semblent animées d'une vie propre –, des mathématiques – on y prouve des théorèmes –, et de l'informatique – les ordinateurs y jouent le rôle de microscopes. Elle poursuit ses avancées grâce à une bande de passionnés qui, par tous les moyens possibles, tentent de répondre aux énigmes posées par l'extraordinaire monde plat de Conway.

Le monde du *Jeu de la vie* est un plan infini quadrillé dont chaque case carrée est soit occupée par une cellule, soit vide. Chaque case possède 8 voisines. Entre deux générations, des naissances et des décès s'y produisent mécaniquement. La règle qui les détermine est la simplissime règle de Conway : si une case est vide et que 3 de ses voisines sont occupées alors une naissance s'y produit ; si une case est occupée, la survie n'y est possible que si 2 ou 3 cases voisines sont occupées ; dans tous les autres cas, la case se retrouve vide à la génération suivante. En résumé :

naissance si 3 voisins ; survie si 2 ou 3 voisins.

Cette règle, choisie parce qu'elle est naturelle – la vie nécessite déjà de la vie, mais trop de vie provoque l'étouffement – et qu'elle engendre un monde animé de mouvements complexes et inattendus, a dépassé toutes les espérances de son créateur. D'autres règles ont été proposées, certaines sont peut-être aussi intéressantes que celle choisie par Conway mais aucune n'a été étudiée avec autant de persévérance et de passion. Les mathématiciens, qui savent traiter des problèmes d'une abstraction et d'une difficulté étourdissante, sont assez démunis pour résoudre la plupart des énigmes que pose cette biologie apparemment triviale. Cette situation laisse le champ ouvert aux étranges *ingénieurs-biologistes* à qui l'on doit les résultats que nous allons présenter et qui sont le produit de quarante années d'exploration menées à l'aide de millions d'heures de calculs d'ordinateurs. Voici le nom des plus imaginatifs de ces chercheurs : David Bell, Nicolay Beluchenko, David Buckingham, Tim Coe, Charles Corderman, Noam Elkies, David Eppstein, Achim Flammenkamp, Bill Gosper, Dave Greene, Alan Hensel, Dean Hickerson, Hartmut Holzwart, Dieter Leithner, Gabriel Nivasch, Andrzej Okrasinski, Paul Rendell, Stephen Silver, Karel Suhajda, Jason Summers, Paul Touke.

ENCADRÉ 1.2

Automate du *Jeu de la vie*

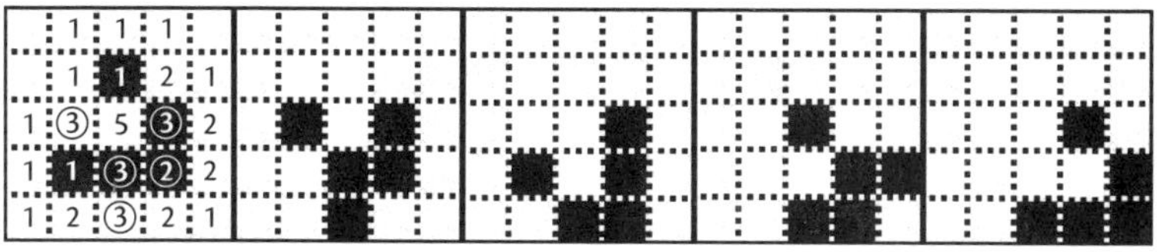

D'une génération à la suivante, l'automate cellulaire du *Jeu de la vie* fonctionne selon la règle :
- chaque cellule examine les 8 cellules voisines et compte le nombre de cellules noires ;
- si la cellule est blanche et qu'elle possède 3 cellules voisines noires, elle devient noire (naissance) ;
- si la cellule est noire et qu'il y a 2 ou 3 cellules voisines noires, elle reste noire (survie) ;
- dans tous les autres cas, la cellule sera blanche à la génération suivante.

Oscillateurs

L'étude au hasard des configurations les plus simples fait rapidement découvrir que certaines figures sont stables, que d'autres sont périodiques (elles reprennent le même état après être passées par une série d'états différents). Quelques exemples sont proposés dans les encadrés 1.3, 1.4 et 1.5.

ENCADRÉ 1.3

Configurations stables et périodiques

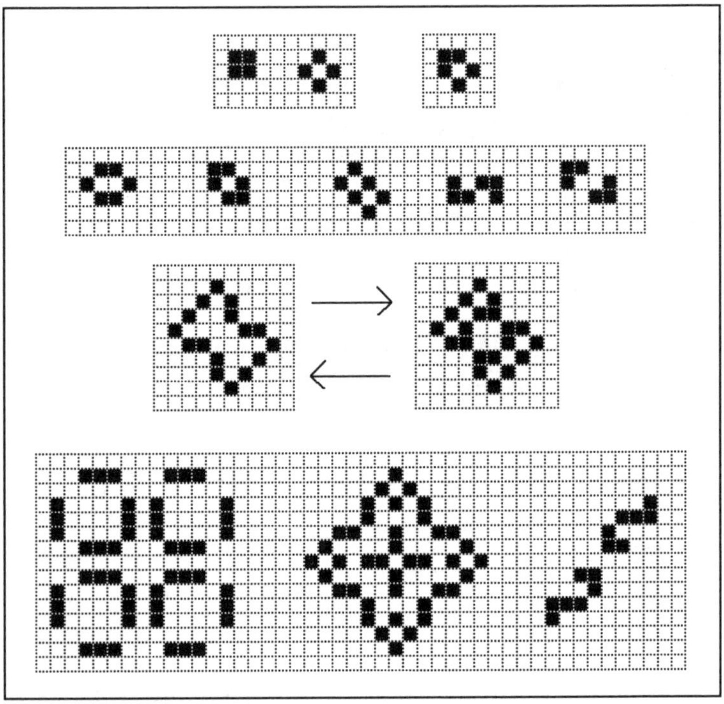

La règle simplissime du *Jeu de la vie* « naissance si 3 voisins; survie si 2 ou 3 voisins » maintient stables certaines configurations. Les configurations immobiles à 4, 5 et 6 cellules sont données sur les schémas des deux lignes du haut. Certaines configurations passent par plusieurs états différents avant de revenir à leur état initial. Une telle configuration, de période 2, est dessinée sur le schéma de la troisième ligne avec les deux états de la configuration. Trois autres configurations périodiques de période 3 sont dessinées sur le schéma du bas. On connaît aujourd'hui des milliers de configurations stables et périodiques et même des schémas de construction qui en engendrent des familles infinies.

Une première question se pose. Est-ce que toutes les périodes sont possibles ? L'étude de cette question est loin d'être facile, car après avoir découvert – par tâtonnements – quelques configurations périodiques, comment savoir si les périodes qu'on n'a pas rencontrées sont vraiment impossibles ?

Entre 1 et 54 on connaît des configurations périodiques pour toutes les périodes, sauf pour 19, 23, 31, 37, 38, 41, 43 et 53.

Depuis 1996, grâce à une méthode proposée par David Buckingham, on sait réaliser des configurations périodiques de période p, pour tout entier $p \geq 54$. Ce résultat remarquable est un théorème mathématique dont la démonstration consiste à suivre le fonctionnement de la construction de David Buckingham.

Le dernier progrès important a été la découverte en 2002 d'un oscillateur de période 27 par Noam Elkies. Qui saura résoudre le problème de la période 19 et des sept autres entiers dont le statut reste inconnu en 2009 ?

Notons que les collections d'oscillateurs continuent de s'agrandir et que, par exemple, en novembre 2008, Nicolay Beluchenko a mis au point un nouvel oscillateur de période 4 ne comportant que 37 cellules. Certaines pages Internet, régulièrement mises à jour, indiquent l'état précis de la situation. Voir par exemple : http://pentadecathlon.com/lifeNews/oscillators/

ENCADRÉ 1.4
Presque toutes les périodes

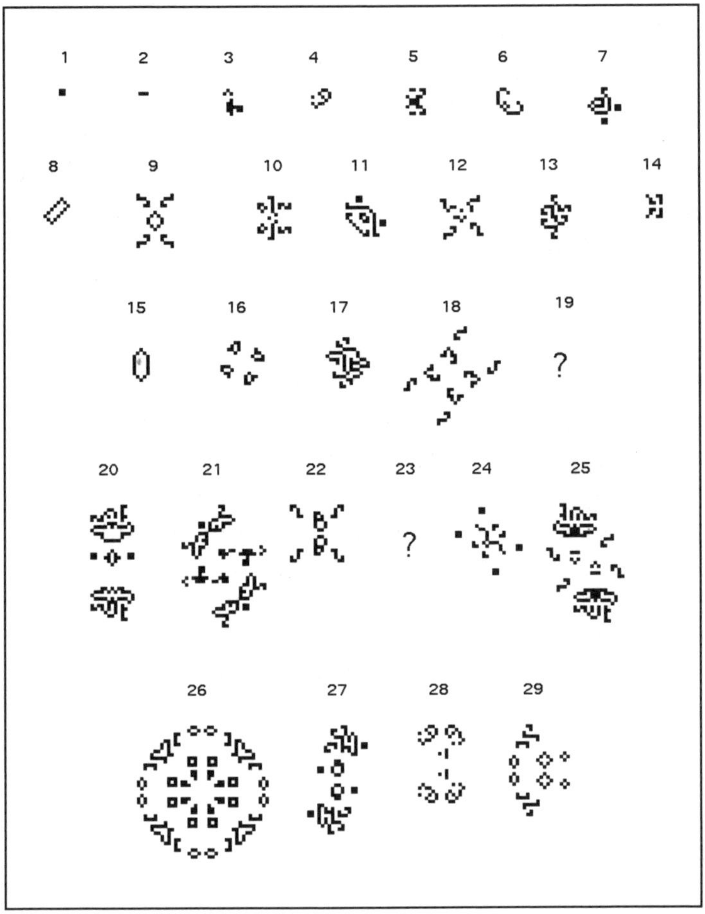

Un oscillateur pour chacune des périodes de 1 jusqu'à 29. Seuls manquent des oscillateurs de périodes 19 et 23, et personne ne sait aujourd'hui s'il en existe.

ENCADRÉ 1.5
Oscillateurs de période 5

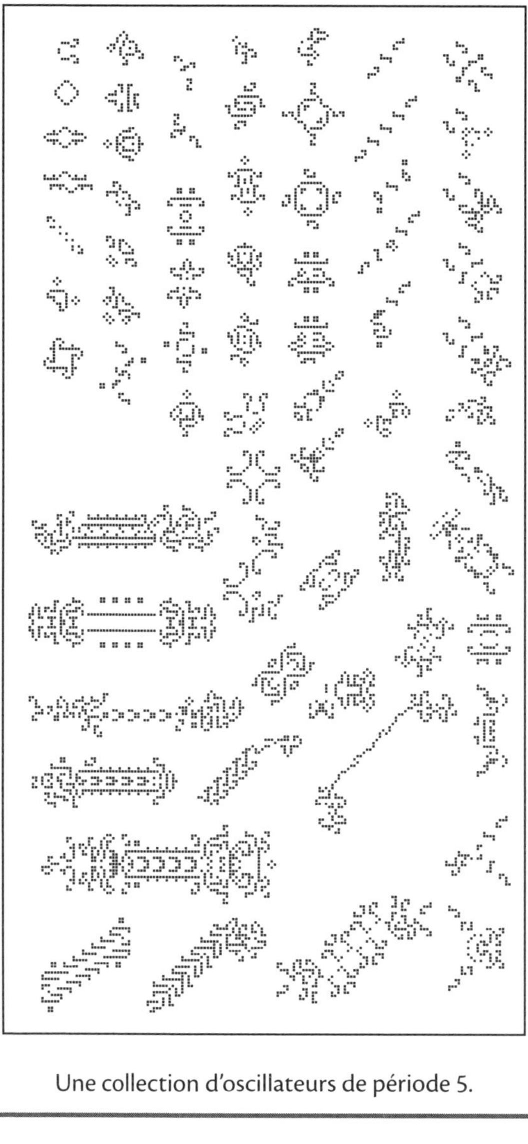

Une collection d'oscillateurs de période 5.

Croissance infinie

Après quelques essais et observations de l'évolution des configurations du *Jeu de la vie*, une question vient rapidement à l'esprit : Une population de cellules peut-elle croître indéfiniment ?

Il semble que oui, car on trouve facilement des configurations simples dont l'effectif augmente durant un grand nombre d'étapes. Cependant, une observation ne règle pas la question, puisqu'une population composée au hasard finit le plus souvent dans un état périodique et cesse de s'étendre : il est ainsi à craindre que même ce qui semble avoir augmenté longtemps arrête de le faire plus tard. Pour répondre définitivement au problème de la croissance infinie, il faut trouver des arguments précis.

Comme on s'y attendait, la réponse à la question est en définitive positive. Elle a été donnée dès l'année 1970 par Bill Gosper, alors étudiant au MIT (Massachusetts Institute of Technology) de Boston aux États-Unis. Cette découverte lui permit d'emporter les 50 dollars promis par Conway à la première personne qui prouverait l'existence des configurations indéfiniment croissantes.

Pour comprendre le principe de cette construction, il faut d'abord savoir que certaines configurations possèdent la propriété de se déplacer : après plusieurs étapes de calculs, le même motif revient, décalé, comme le ferait une étape unique d'un automate de type *Déplacement Est*. La plus simple des configurations se déplaçant ainsi est nommée le *glisseur* : en quatre étapes, celui-ci se déplace d'une case en diagonale. Les encadrés 1.2 et 1.6 (colonne 1) le montrent. On voit les quatre formes prises par le *glisseur* qui, à l'issue de ces quatre transformations, se retrouve identique à lui-même, déplacé d'une case vers le sud-est. Sur la même figure, trois autres *navires* sont représentés qui, eux, se déplacent de deux cases vers l'est en quatre générations. La vitesse d'un signal dans le monde du *Jeu de la vie* est au plus une case par génération, ce qu'on assimile à la vitesse de la lumière, *c*. La vitesse du *glisseur* est donc *c*/4, et celle des autres *navires* de l'encadré 1.6 est *c*/2.

Quand on crée des configurations au hasard et qu'on les laisse évoluer, il n'est pas rare de voir apparaître spontanément des *glisseurs*, ou même de petits *navires* comme ceux de l'encadré 1.6, qui une fois créés s'échappent à toute vitesse vers l'extérieur.

ENCADRÉ 1.6

Le *glisseur* et quelques *navires*

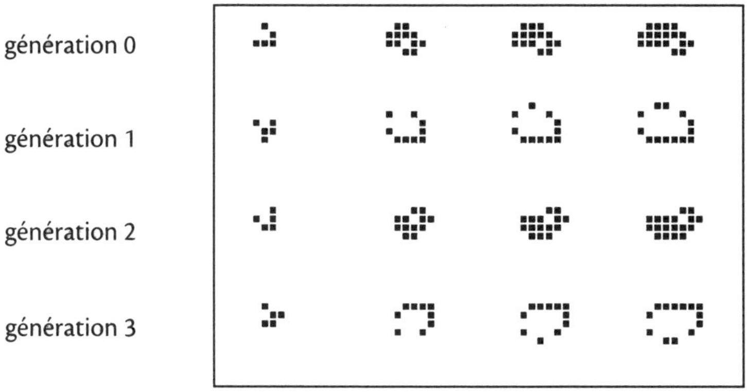

Le *glisseur* (colonne 1) se déplace d'une case en diagonale toutes les quatre générations. Les autres *navires* du dessin se déplacent de deux cases vers la droite toutes les quatre générations.

C'est de ces *glisseurs* qui s'échappent que vient la solution du problème de la croissance infinie. La configuration qui rapporta 50 dollars à Bill Gosper est le *lance-glisseur* (ou *canon à glisseurs*). C'est une configuration qui toutes les 30 générations engendre un *glisseur* et reprend le même état. Les *glisseurs* engendrés s'échappent vers le sud-est, formant une file de *glisseurs* qui s'allonge régulièrement. Le nombre de cases noires de la configuration augmente ainsi de 5 toutes les 30 générations : le nombre de cases noires augmente donc sans limites (voir encadré 1.7).

Chose tout à fait extraordinaire, on peut disposer 13 *glisseurs* sur le plan, de façon qu'après leur rencontre, quand ils interagissent les uns avec les autres, la configuration résultante soit un *lance-glisseur* (voir encadré 1.8).

ENCADRÉ 1.7

Le *lance-glisseur*

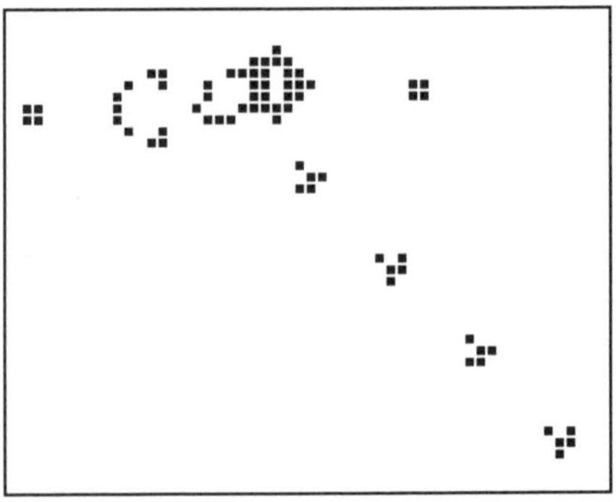

Le *lance-glisseur* crée un nouveau *glisseur* toutes les 30 générations et fait ainsi croître le nombre de cases noires au fur et à mesure que le temps passe.

ENCADRÉ 1.8

La synthèse du *lance-glisseur*

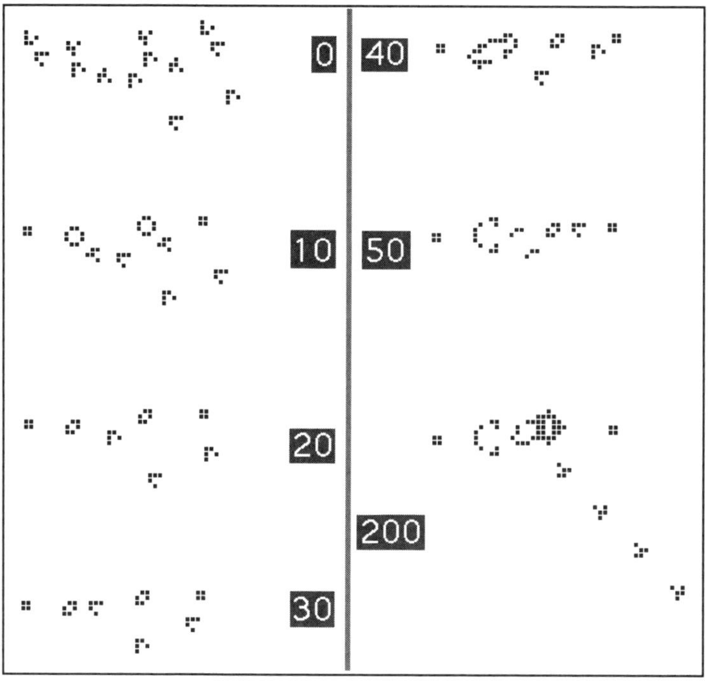

13 *glisseurs* soigneusement disposés les uns par rapport aux autres créent un *lance-glisseur.* La rencontre des 13 *glisseurs* est ici représentée aux instants 0, 10, 20, 30, 40, 50 et 200 (quand le *lance-glisseur* est devenu fonctionnel et a déjà produit 4 *glisseurs*).

Simplification de démonstration

Aujourd'hui, de nouvelles démonstrations plus simples de la possibilité d'une croissance infinie sont disponibles, et l'encadré 1.9 en propose quatre tout à fait amusantes. Les deux premières ont été découvertes dans les années 1990 ; il s'agit de l'*extenseur* et du *chasse-neige*. Chaque fois, il s'agit d'une configuration qui avance en laissant derrière elle une traînée. Cette traînée est stable pour le *chasse-neige* et en mouvement oscillant pour l'*extenseur*. Les deux autres configurations qui s'étendent indéfiniment sont très récentes et laissent des traces plus larges derrière elles.

Si un obstacle est placé sur le chemin de ces configurations, ne serait-ce qu'un seul bloc de 4 cellules formant un carré – c'est la configuration stable la plus simple –, alors sa rencontre avec la partie avant de la configuration provoque sa destruction, ainsi que celle de toute la traînée qui s'embrase à toute vitesse, laissant des débris éparpillés et désordonnés – susceptibles d'engendrer par hasard des glisseurs.

ENCADRÉ 1.9

Extenseur, chasse-neige, etc.

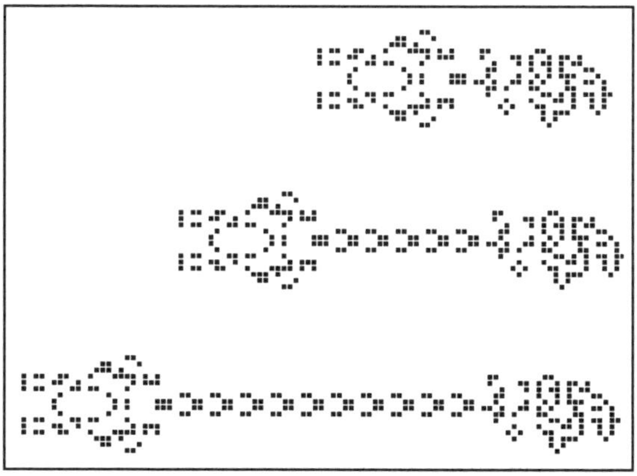

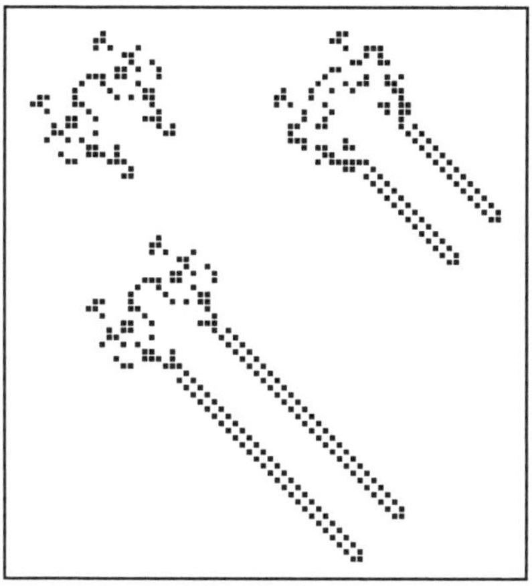

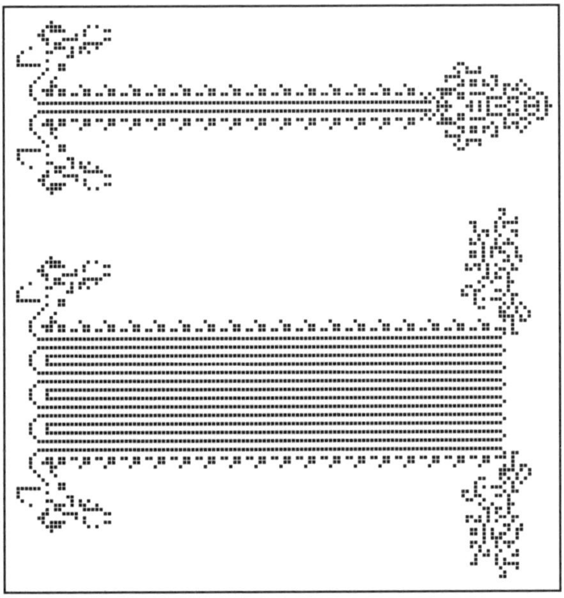

L'*extenseur* possède une tête qui se déplace vers la gauche et laisse derrière elle une traînée épaisse. Le nombre de cellules de cette configuration augmente linéairement. La figure s'étire précisément à la vitesse *c*/4 (une case toutes les 4 générations). Elle fut découverte en 1992 par Dean Hickerson à l'aide de recherches systématiques par programmes.

Le *chasse-neige* possède une tête qui se déplace en diagonale à la vitesse *c*/4 (elle a été construite en combinant plusieurs *glisseurs*) et laisse derrière lui deux traces parallèles épaisses. Le nombre de cellules de la configuration augmente précisément de 4 cellules toutes les 4 générations, c'est-à-dire d'une cellule par génération. Cette figure fut découverte en 1993 par Hartmut Holzwart.

Les deux autres *extenseurs* sont des constructions de 2005 dues au même Hartmut Holzwart.

Croissance rapide

Un *chasse-neige* ou un *extenseur* crée un nombre de cellules de plus en plus grand (s'il ne rencontre pas d'obstacles), mais remarquons que, d'une part, le nombre de cellules vivantes n'augmente que proportionnellement au temps (on dit qu'il augmente « en t » ou linéairement) et que, d'autre part, les cellules n'occupent qu'une petite partie de l'espace infini du plan (une bande étroite). Les questions suivantes viennent donc à l'esprit :

– peut-on créer une configuration qui se répand petit à petit sur tout le plan avec une densité positive (par exemple une case occupée sur deux) ?

– peut-on créer une configuration dont le nombre de cellules augmente plus vite que linéairement ?

La réponse positive à ces deux questions est donnée par une extraordinaire machine appelée le *recouvreur-du-plan* (voir encadré 1.10) construite en 1993. Au fur et à mesure des générations, les quatre têtes du *recouvreur-du-plan* avancent créant un carré occupé par des bandes alternativement vides et pleines qui sont stables et recouvrent la surface avec une densité de cellules de 1/2. Comme les têtes avancent à vitesse constante, la zone recouverte a une aire qui croît en fonction du carré du temps (on dit « en t^2 ») et, donc, le nombre de cellules vivantes a lui aussi une croissance « en t^2 » (et donc plus que linéaire). Une configuration possédant une croissance « en t^2 » était déjà connue depuis les années 1970 (voir encadré 1.12), mais elle faisait intervenir 2069 cellules, alors qu'ici il n'y en a que 206 au départ. En 1995, Tim Coe a fabriqué une variante du *recouvreur-du-plan* dont la configuration de départ n'utilise que 187 cellules.

ENCADRÉ 1.10

Le *recouvreur-du-plan*

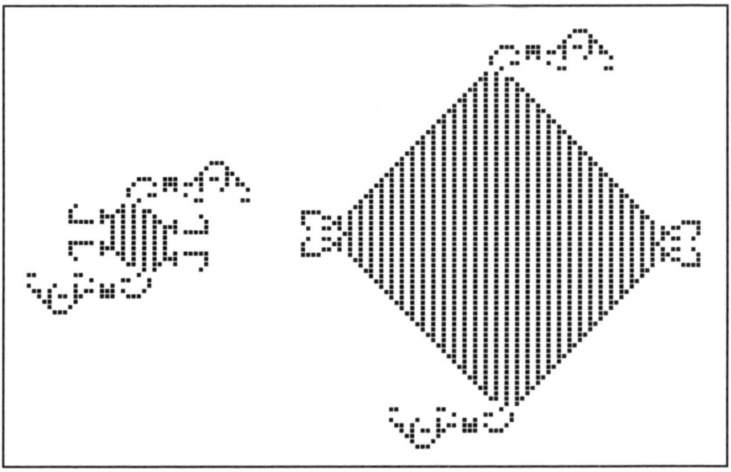

Le *recouvreur-du plan*-aux générations 0 et 100

Le *recouvreur-du-plan (space-filler)* a été mis au point en 1993 par Hartmut Holzwart, Alan Hensel, David Bell et Dean Hickerson. Il s'étend indéfiniment sur le plan entier en y déposant une structure composée de bandes parallèles de densité 1/2. La croissance du nombre de cellules de la configuration est quadratique (proportionnelle au carré du nombre d'étapes). Les 4 têtes se déplacent à la vitesse $c/2$, ce qui est la vitesse maximale possible pour une frontière de configuration. La croissance de la configuration est « en $t^2/4$ ». Plus précisément, si t est multiple de 4, alors le nombre de cases occupées à la génération t est $[(t + 19)^2 + 463] / 4$.

ENCADRÉ 1.11

Le *store vénitien*

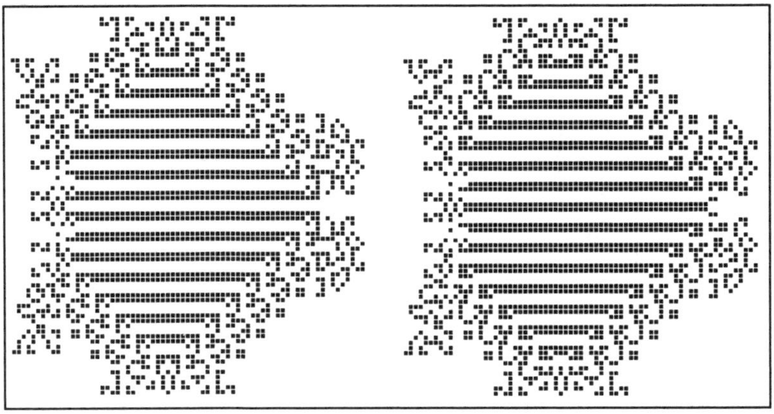

Le *store vénitien* est une configuration périodique de période 2 dont la densité est 1/2 dans la zone centrale. Elle admet une infinité de versions différentes selon la taille que l'on choisit pour le pourtour.
Il existe deux configurations infinies de densité 1/2 :
– le réseau stable composé alternativement d'une ligne vide, d'une ligne pleine, etc.
– le réseau composé périodiquement de lignes selon la règle pleine-pleine-vide-vide-pleine-pleine-vide-vide, etc.
On a établi dans un premier temps que la densité 8/13 ne pouvait pas être dépassée, et émis la conjecture que 1/2 était la densité maximale possible. En 1997, Noam Elkies a démontré la conjecture.

La configuration limite du *recouvreur-du-plan* est une figure stable de densité 1/2 : un réseau de lignes pleine-vide-pleine-vide, etc.

Le réseau infini de lignes vide-vide-pleine-pleine-vide-vide-pleine-pleine, etc., est aussi intéressant car il oscille : à chaque génération, les lignes pleines se vident, et les lignes vides se remplissent. Il s'y maintient donc aussi une population infinie de densité 1/2. Une version finie de cette configuration existe, c'est le *store vénitien* (voir encadré 1.11). Il s'agit d'une configuration périodique de période 2, qui montre qu'on peut recouvrir de manière permanente un carré à bords obliques par une population de densité 1/2, ce qui était loin d'être évident avant d'avoir découvert la délicate broderie qui en stabilise les bords.

ENCADRÉ 1.12

Le *breeder*

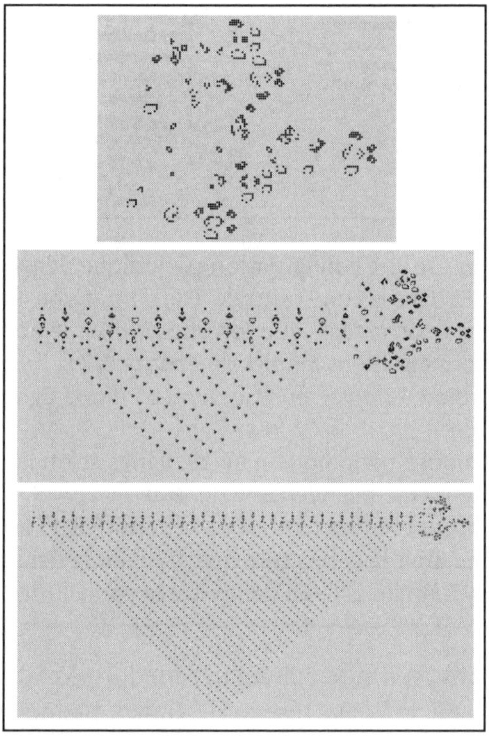

La tête du *breeder* laisse après son passage une ligne de *lance-glisseur* de plus en plus longue. Ceux-ci en fonctionnant envoient dans l'espace un nombre de *glisseurs* en augmentation quadratique. Sur le dessin, le *breeder* est représenté à des échelles de plus en plus fines pour qu'on en apprécie bien l'extraordinaire évolution.

Le *breeder*, qui comme le *recouvreur-du-plan* crée un nombre de cellules vivantes en augmentation quadratique, existe sous plusieurs formes. Il constitue une extraordinaire construction mécanique qui est à la base de nombreuses autres, dont la fantastique configuration qui calcule les nombres premiers (voir encadré 1.19). Son principe est le suivant : un assemblage de *navires* se dirige vers la droite en laissant derrière lui des cellules qui s'organisent miraculeusement en *lance-glisseurs* parallèles les uns aux autres. Ceux-ci se mettent à fonctionner petit à petit, envoyant dans la direction sud-est des courants de *glisseurs* parallèles. Le nombre de *lance-glisseurs* augmente linéairement avec le temps, donc le nombre de *glisseurs* augmente quadratiquement avec le temps ainsi que le nombre global de cellules de la configuration.

La croissance d'une configuration ne peut pas être plus rapide que quadratique (« en t^2 »). En effet, un signal sur le plan de Conway ne peut pas se déplacer à une vitesse dépassant une case par génération (la vitesse *c*). Il en résulte donc que la zone occupée par une configuration bornée – par exemple située dans un carré de côté R – ne dépassera pas, au bout de n étapes, la zone du plan des points à moins de n cases de la configuration initiale, donc un carré de côté $R + 2n$. Le nombre de cases de la configuration à l'étape n est donc majoré par $(R + 2n)^2$. Le *recouvreur-du-plan* et le *breeder* permettent (avec bien d'autres configurations découvertes depuis) d'obtenir une telle croissance quadratique qui est la plus rapide qu'on puisse espérer.

Les ingénieurs du monde de Conway ont exercé leur art sur ces problèmes de croissance. À l'aide de combinaisons savantes de composants mis au point année après année depuis quarante ans, ils ont construit des objets aux taux de croissance remarquables et qui comportent plusieurs centaines de cellules, parfois plusieurs milliers. Ils ont ainsi obtenu des croissances « en $\sqrt{t}$ », « en $\ln t$ » (le nombre de naissances diminue petit à petit), et « en $t \ln t$ », « en $(\ln t)^2$ », « en $t\sqrt{t}$ ». Plus amusant encore, ils ont réussi à faire croître la population d'une configuration linéairement « en C*t* » avec pour constante C un nombre irrationnel lié à $\sqrt{5}$: la configuration calcule donc indirectement des approximations de plus en plus fines de $\sqrt{5}$. D'autres configurations calculent d'ailleurs les chiffres binaires de nombres transcendants, prouvant ainsi que le pouvoir de calcul du *Jeu de la vie* s'étend au-delà des constantes algébriques.

Dents-de-scie

Autres merveilles, les configurations en *dents-de-scie* qui sont conçues d'une façon telle que le nombre de cellules augmente puis diminue, puis augmente puis diminue, etc., les maxima atteints étant de plus en plus grands (les effectifs constituent ce que les mathématiciens appellent les termes d'une suite non convergente).

Dans l'une de ces constructions en *dents-de-scie*, l'effectif passe alternativement par un maximum temporaire (de plus en plus grand), puis par un minimum constant de 977 cellules. Elle est due à Bill Gosper et Dean Hickerson, et utilise une synthèse de *navires* trouvée par David Buckingham. Le principe de fonctionnement est le suivant. La configuration est composée d'un *lance-navire* et d'un *puffeur* (navire laissant une trace derrière lui) qui s'éloigne à droite. Le *puffeur* sème une traînée de clignotants (un clignotant est un groupe de 3 cellules alignées côte à côte) de plus en plus longue. Le *lance-navire* envoie une salve (unique) de 2 *navires* qui cogne la traînée et en provoque la destruction progressive à la vitesse 2*c*/3. Lorsque la traînée est détruite – on a alors atteint l'effectif minimal –, le *puffeur* se remet à produire une traînée et envoie un *navire* en arrière qui atteint au bout d'un certain temps le *lance-navire* (qui était resté en quelque sorte en attente sans rien lancer). Cela déclenche l'envoi d'une nouvelle salve de 2 *navires* qui provoque, quand elle l'atteint, la destruction de la traînée du *puffeur* devenue entre-temps très longue, etc.

Des *puffeurs* aux *navires* et réciproquement

La configuration de l'encadré 1.13 comporte 11 cellules et on prouve qu'elle s'étend indéfiniment. Elle fut découverte par Charles Corderman qui menait une recherche exhaustive sur les configurations simples. Il existe d'autres configurations qui semblent survivre longtemps et s'étendre petit à petit, mais elles ont un comportement tellement irrégulier qu'on ne réussit pas à prouver leur croissance illimitée. La figure découverte par Corderman a contribué au regain d'intérêt pour le *Jeu de la vie* dans les années 1990. Voici pourquoi.

La configuration de Corderman est du type *puffeur* : elle se déplace en laissant derrière elle des débris qui ici forment une sorte de grand zigzag composé de blocs carrés stables. Lorsque les traces sont régulières (comme c'est le cas pour le *chasse-neige* qui est aussi un *puffeur*), on essaie de le modifier de façon que les débris soient détruits au fur et à mesure que la tête avance. Le *puffeur* devient alors un *navire* : une configuration qui se déplace en se reproduisant exactement identique à elle-même. Inversement à partir d'un *navire*, on peut souvent construire des *puffeurs*.

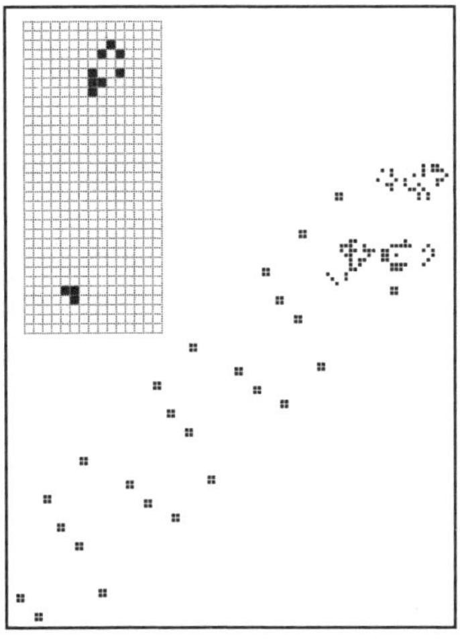

ENCADRÉ 1.13
Configuration de Corderman

La configuration de Corderman (ou *puffeur de Corderman*) avance en laissant derrière elle un zigzag entièrement stable.

ENCADRÉ 1.14

Le *navire* de Corderman

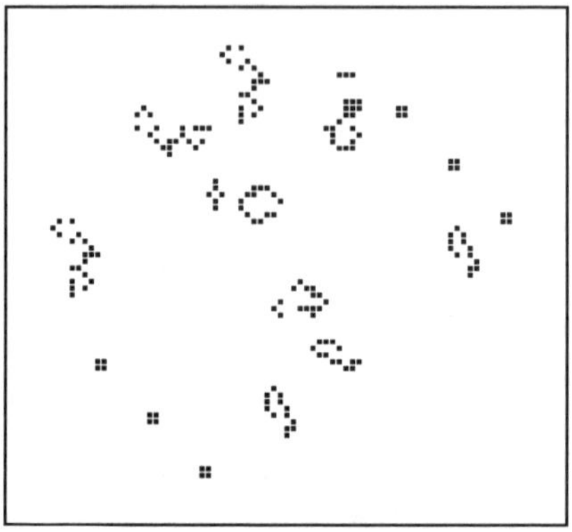

Le *navire* qu'on a réussi à tirer du *puffeur de Corderman*, contrairement à tous les *navires* connus jusqu'en 1989, se déplace à une vitesse différente de $c/2$ et de $c/4$. Sa vitesse est $c/12$.

La configuration de Charles Corderman semblait donc en mesure de donner naissance à des *navires*. Mais c'est seulement en avril 1991 que Dean Hickerson réussit cette transformation que les passionnés avaient tenté de réaliser sans succès pendant plusieurs années. La transformation en *navire* n'est en rien évidente puisque le résultat comporte maintenant 180 cellules, mais le travail en valait la peine car le *navire* obtenu était d'un genre inconnu jusqu'alors.

Donnons quelques précisions générales sur les *navires* du *Jeu de la vie*. Par définition, un *navire* est une configuration qui après N étapes – sa période – se retrouve déplacée de A cases horizontalement et de B cases verticalement (*navire* de type A-B).

Pour l'instant, tous les *navires* connus sont de type *transversal* (A = 0 ou B = 0) ou de type *diagonal* (A = ± B) bien qu'il n'ait jamais été prouvé que seul ce type de *navires* soit possible.

L'étude théorique montre qu'un *navire* de type A-B a nécessairement une période N plus grande que 2(A + B). Par exemple, un *navire* qui se déplace horizontalement d'une case à la fois ne peut pas le faire en moins de 2 générations, et un *navire* qui se déplace d'une case en diagonale (type 1-1) ne peut pas le faire en moins de 4 générations.

Les *navires* connus avant la découverte du *navire de Corderman* avaient tous une période N multiple de 4 et avaient tous la vitesse *c*/2 (pour les *navires transversaux*) ou *c*/4 (pour les *navires diagonaux*). Rappelons que la vitesse de la lumière, *c*, correspond par convention à un déplacement d'une case par génération horizontalement, verticalement ou en diagonale. Il n'y a aucune raison pour que tous les *navires* aient les vitesses *c*/2 ou *c*/4 et des périodes multiples de 4. C'est sur ce point que de nombreuses découvertes ont été faites dans les années 1990 dont le *navire* construit par Dean Hickerson qui a une vitesse *c*/12 et une période de 96. Après vingt ans de chasses infructueuses, il est étonnant qu'on ait pu en quelques années trouver tant de choses nouvelles concernant les *navires* du *Jeu de la vie*.

Parmi les découvertes ayant trait aux *navires*, citons des *navires* de période 2 (le premier fut trouvé en 1989 par Dean Hickerson), de période 3 (certains avancent à la vitesse *c*/2, d'autres à la vitesse *c*/3), de période 5 (certains avancent à la vitesse *c*/5, d'autres à la vitesse 2*c*/5).

L'encadré 1.15 en représente quelques-uns. Des grammaires de composants ont été élaborées qui permettent de construire des *navires* aussi longs ou larges qu'on veut, et des astuces ont été mises au point pour obtenir des *navires* de période aussi grande qu'on le souhaite.

Les méthodes utilisées pour obtenir ces résultats méritent quelques commentaires, car il serait naïf de croire qu'il suffit d'essayer au hasard en écrivant des programmes de quelques lignes. L'exploration à l'aide de programmes est bien un outil essentiel pour ces découvertes, mais c'est à l'aide d'algorithmes subtils qu'on progresse. Ces algorithmes que les passionnés s'échangent et ajustent année après année, entre autres choses, analysent les essais infructueux déjà tentés pour ne pas rechercher dans des directions peu prometteuses, et essaient des configurations ressemblant à d'autres déjà connues. Le nombre de configurations à explorer est bien trop grand pour que même les plus rapides des ordinateurs puissent découvrir des objets intéressants en procédant bêtement au hasard. Le nombre de configurations différentes possibles contenues par exemple dans un carré de 20 cases sur 20 cases est de $2^{400} \simeq 10^{120}$, ce qui est bien plus que ce qu'on pourrait explorer même avec un puissant réseau d'ordinateurs et même dans un avenir lointain (certains physiciens estiment que la quantité totale d'informations contenues dans l'univers visible est de l'ordre de 10^{120} octets). C'est donc en perfectionnant programmes et algorithmes, en y intégrant des configurations déjà trouvées, en décomposant les figures intéressantes connues et en les recomposant différemment, bref, c'est en utilisant toute l'ingéniosité dont un informaticien peut être capable que les ingénieurs-biologistes du *Jeu de la vie* trouvent ces machines étranges adaptées à la physique simplifiée du monde de Conway.

Aujourd'hui, les types de *navires* connus sont les suivants. (Pour chacun on a indiqué le vecteur de déplacement A-B et la vitesse.)

1-0 $c/2$; 1-0 $c/3$; 1-0 $c/4$; 1-1 $c/4$;
1-0 $c/5$; 2-0 $2c/5$; 1-1 $c/5$; 1-0 $c/6$;
1-1 $c/6$; 2-0 $2c/7$; 1-1 $c/12$; 17-0 $17c/45$

D'autres précisions se trouvent en : http://entropymine.com/jason/life/status.html

ENCADRÉ 1.15

Navires

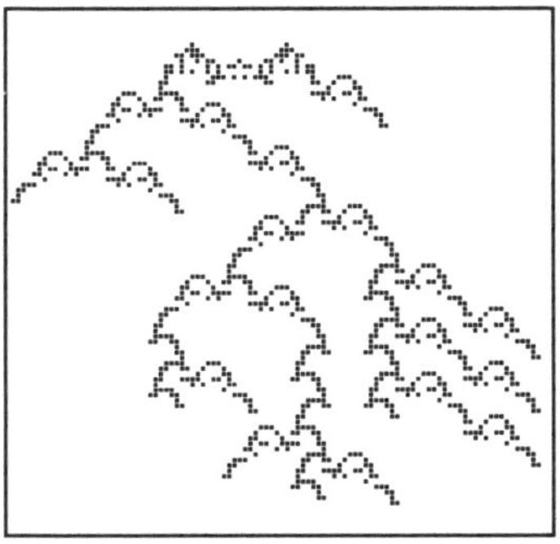

Navires de période 2 et de vitesse *c*/2

Navires de période 3 avançant à la vitesse *c*/3
Dans l'ordre : la flèche, la tortue, les deux mouches, le cerf-volant

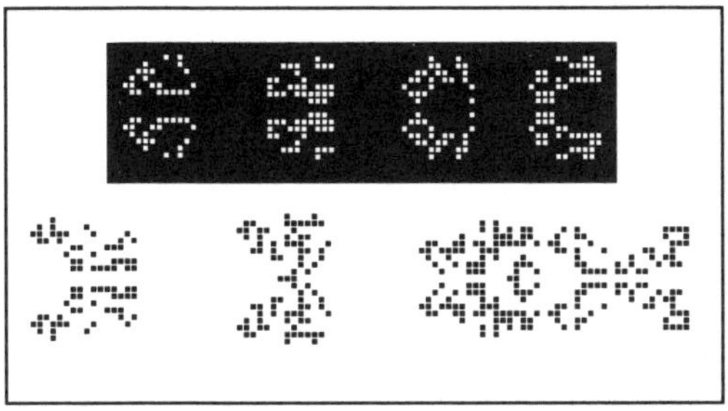

Navires de période 5 et de vitesse 2*c*/5

ENCADRÉ 1.16

Navires de vitesse c/5

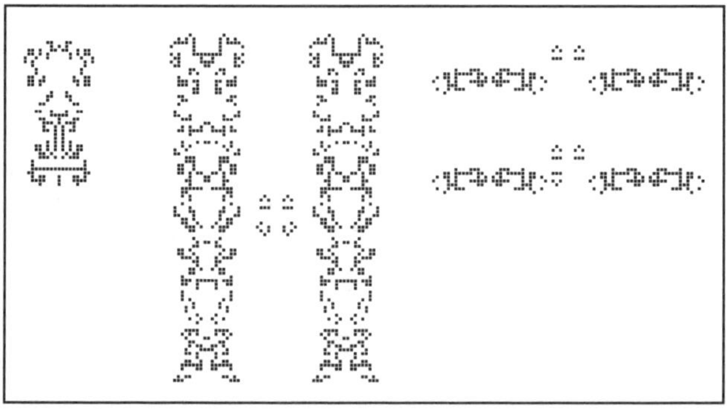

Quelques *navires* découverts récemment et se déplaçant à la vitesse c/5 (une case toutes les 5 générations). À gauche : de période 10 (Paul Touke, 2004). Au centre : de période 15 (Noam Elkies, 1997). À droite : de période 30 (David Bell 1998).

Lance-glisseur et *lance-navire*

Les *lance-glisseurs* sont des configurations qui restent fixées à un endroit mais qui périodiquement engendrent un ou plusieurs *glisseurs* qui constituent alors des « courants » de *glisseurs* et s'éloignent indéfiniment du *lance-glisseur.* Il existe aussi des *lance-navires* et des *puffeurs lance-glisseurs* ou *lance-navires*, et ce sont ces configurations dynamiques qui constituent les composants élémentaires qu'on assemble pour construire les objets ayant un taux de croissance « en ln *t* » ou autre. Des centaines de *lance-glisseurs* ont été maintenant conçus en essayant en particulier d'en découvrir de toutes les périodes possibles.

Il existe par exemple des *lance-glisseurs* qui émettent un *glisseur* toutes les 30 générations (le premier découvert est de cette catégorie), d'autres toutes les 23 générations ou toutes les 50 générations. Le plus rapide émet toutes les 14 générations.

Il est énorme (il comporte 8 814 cellules) et a été construit par Karel Suhajda en 2004 (voir encadré 1.21, p. 42).

D'autres émettent un courant irrégulier car résultant d'une interaction complexe et difficile à analyser ; on les appelle *lance-glisseurs aléatoires*. D'autres émettent très rarement, par exemple toutes les 360 générations ou plus rarement encore.

En 1998, Dieter Leithner en a mis au point un tout à fait fascinant. Il ne comporte que 388 cellules au départ et émet un *glisseur* toutes les 30 360 générations : en le regardant fonctionner, on est persuadé d'avoir devant soi une configuration périodique de petite période, mais si l'on est patient, après plusieurs minutes de fonctionnement, on le voit émettre un unique *glisseur* isolé, qui ne sera suivi par un autre qu'au bout d'un temps équivalent.

ENCADRÉ 1.17

Navires de toutes périodes

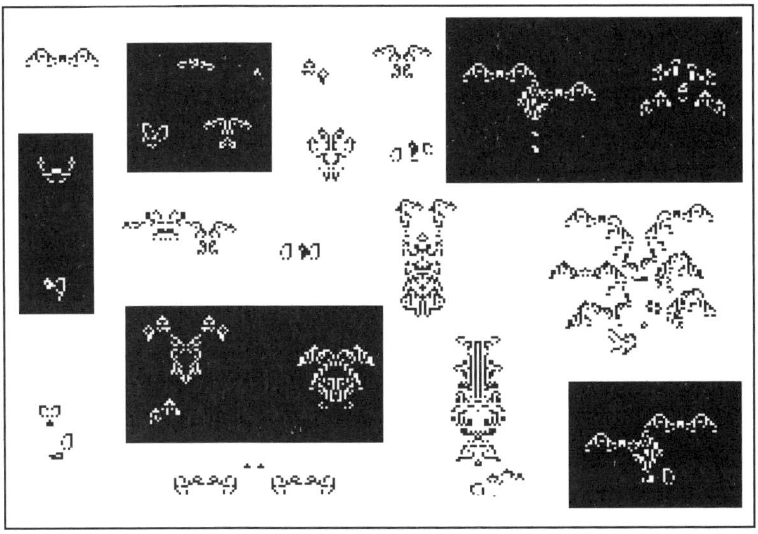

Pour chaque période possible $p \leq 30$ pour un *navire*, le dessin présente le plus petit *navire* ayant cette période.

La liste suivante indique le nombre de cellules du *navire* en fonction de sa période et permet donc de le repérer. Cette compilation a été réalisée par Stephen Silver en 2004.

p2	*p3*	*p4*	*p5*	*p6*	*p7*	*p8*	*p9*	*p10*	*p12*	*p14*
64	25	5	30	72	36	31	55	102	39	174

p15	*p16*	*p18*	*p20*	*p21*	*p22*	*p24*	*p25*	*p26*	*p27*	*p28*	*p30*
132	28	138	42	279	584	50	165	187	381	185	128

On trouve d'autres collections de configurations en :
http://entropymine.com/jason/life/

Les mathématiciens et les ingénieurs

Une des plus extraordinaires configurations jamais construites à partir de *navires lance-glisseurs* et de *navires lance-navires* calcule les nombres premiers. Elle synthétise une suite de *navires* exactement espacés comme la suite des nombres premiers : il y a un *navire* pour 2, un autre pour 3, un trou pour 4, un *navire* pour 5, un trou pour 6, un *navire* pour 7, des trous pour 8, 9, 10, etc. (voir encadré 1.19).

Ce calcul des nombres premiers par une machine du *Jeu de la vie* était prévu par la théorie. En effet, dès les années 1970, en analysant certains des composants disponibles, John Conway a démontré qu'on pouvait créer des courants de *glisseurs* et les faire interagir entre eux pour obtenir des portes logiques ET, OU, NON comme dans un circuit électronique. Les éléments de base pour construire un ordinateur universel (c'est-à-dire capable de calculer toute fonction calculable) étaient donc disponibles. Il en résulte que, en s'y prenant bien, il est possible de faire calculer les nombres premiers à une configuration, ou les coefficients du binôme ou tout ce qui vous intéresse et qu'un ordinateur sait calculer.

ENCADRÉ 1.18

Des *bulles*

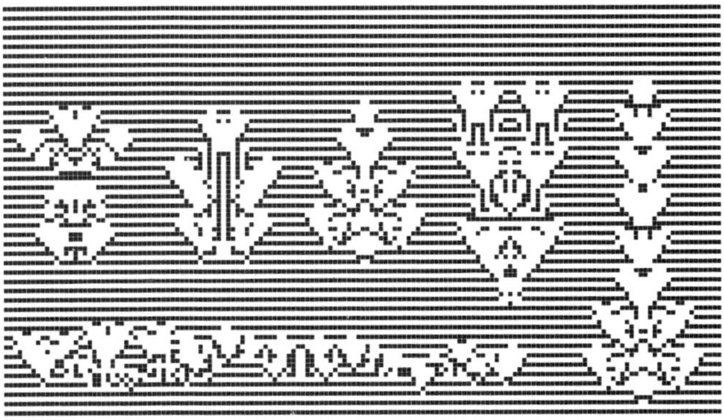

Si, au départ, le plan du *Jeu de la vie* était couvert de bandes parallèles d'une largeur d'une case et espacées d'une case entre elles, il serait stable mais très fragile. En effet, le plus souvent, la modification de quelques cellules de ce réseau perturbe de proche en proche toutes les cellules qui s'embrasent à une vitesse presque égale à *c*. Cependant, certaines formes n'ont pas cet effet dévastateur. Mieux, certaines formes se déplacent dans le réseau en le reconstituant délicatement derrière elles. Voici quelques exemples de ces *navires* en négatif ou *bulles*. Ils ont été créés par Hartmut Holzwart en 2006.

Mais du résultat mathématique « on peut construire une configuration qui calcule les nombres premiers » à la réalisation pratique d'une telle mécanique avec vérification qu'elle fonctionne, il y a un pas ! C'est là un exemple de la différence entre l'*existence mathématique* et l'*existence pratique*. Le mathématicien, même lorsqu'il donne explicitement les règles qu'il faut employer pour obtenir tel ou tel objet – c'est ici le cas –, ne se préoccupe pas forcément de mener le travail jusqu'à son terme : il sait que c'est possible, il détient les arguments abstraits qui le démontrent et ça lui suffit. Aux ingénieurs de terminer le travail si ça les amuse !

ENCADRÉ 1.19

Calcul des nombres premiers

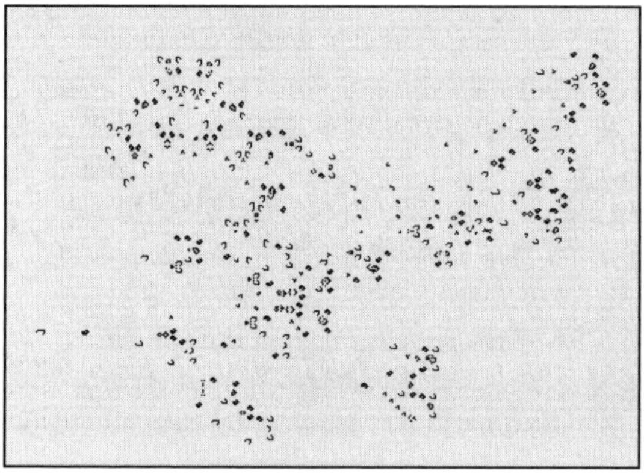

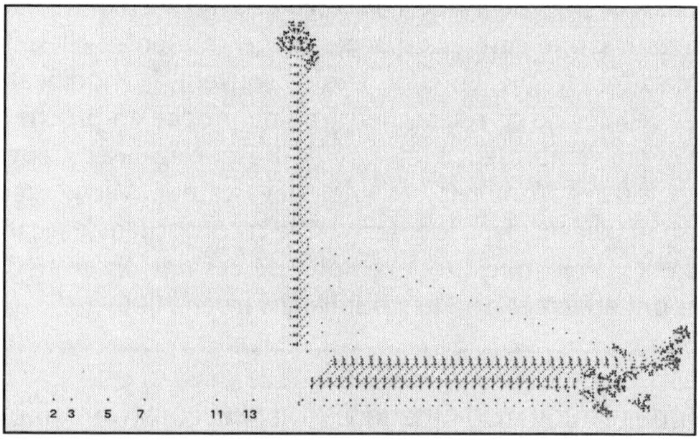

Cette configuration énorme calcule les nombres premiers en envoyant vers la gauche des *navires* espacés comme les nombres premiers. Elle est due à Dean Hickerson. Un *navire* est produit à la génération 120*n* + 100 si et seulement si *n* est un nombre premier. La configuration exécute une sorte de crible d'Ératosthène. Au cours du temps, la configuration s'agrandit en créant des « filtres à nombres composés » : il y a un filtre pour chaque nombre entier $n \geq 3$, ce filtre étant chargé de détruire les *navires* correspondant aux multiples de *n*. Les *navires* qui passent à travers les filtres sont les nombres premiers.

ENCADRÉ 1.20

Les *navires gris*

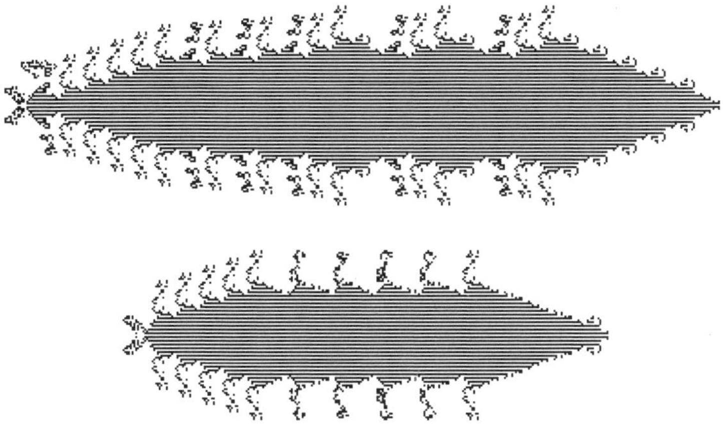

Les *navires gris* sont des *navires* se déplaçant à la vitesse 2*c*/5 et dont le centre est un réseau uniforme de lignes parallèles occupant l'espace avec une densité 1/2. Ils ont été découverts en février 2008 par Hartmut Holzwart.

De la même façon, les mathématiciens du *Jeu de la vie* ont établi depuis longtemps qu'il était possible de construire des *navires* de type A-B avec A et B quelconques. Pourtant, ainsi que nous l'avons déjà dit, on n'en connaît aujourd'hui que de type A-B avec A = 0 (déplacement vertical) ou B = 0 (déplacement horizontal) ou A = ± B (déplacement diagonal) et donc en particulier aucun *navire* de type 1-2 n'a jamais été vu.

De même encore, on sait prouver mathématiquement qu'il existe des configurations autoréplicatrices – qui se dédoublent au bout d'un certain nombre de générations – mais jamais personne jusqu'à présent n'en a aperçu sur son écran d'ordinateur. On le voit, les bâtisseurs d'empires imaginaires que sont les ingénieurs-biologistes du *Jeu de la vie* ont encore du travail devant eux.

ENCADRÉ 1.21

Le *lance-glisseur* le plus rapide

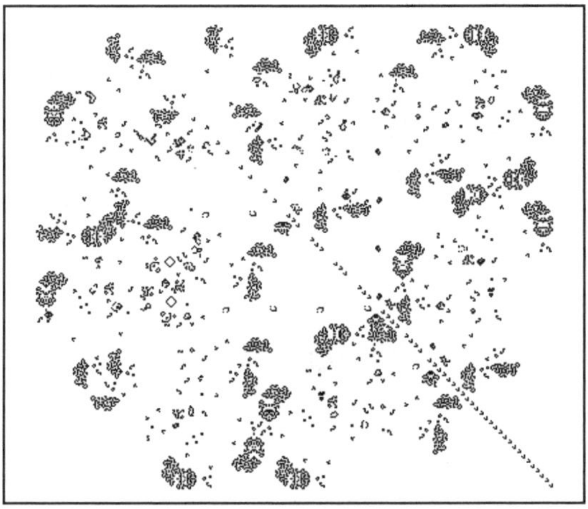

Mis au point en 2004 par Karel Suhajda, ce *lance-glisseur* produit un courant de *glisseurs* à raison d'un *glisseur* toutes les 14 générations, ce qui est un record. Comme on le voit, il est loin d'être simple : sa configuration de départ comporte 8 814 cellules noires.

L'obstination des passionnés de cette mécanique étrange et artificielle du *Jeu de la vie* a cependant permis d'élaborer récemment une construction longtemps jugée inaccessible : une machine de Turing. Ce mécanisme de calcul introduit en 1936 par Alan Turing sert de fondement à l'informatique théorique. C'est un mécanisme de calcul universel, et l'on sait en pratique l'utiliser pour programmer toutes les fonctions calculables. L'exploit accompli en 2000 par Paul Rendell valide les idées de John Conway sur le pouvoir universel de calcul du *Jeu de la vie*, mais cette fois ce n'est pas « en théorie » qu'on peut tout programmer avec des cellules du *Jeu de la vie*, c'est « en pratique ». Cette découverte n'empêchera pas les amateurs de rechercher dans chaque cas particulier la méthode la plus astucieuse et la plus concise pour obtenir un calcul recherché. Voir : http://rendell-attic.org/gol/tm.htm

ENCADRÉ 1.22

Autodestruction

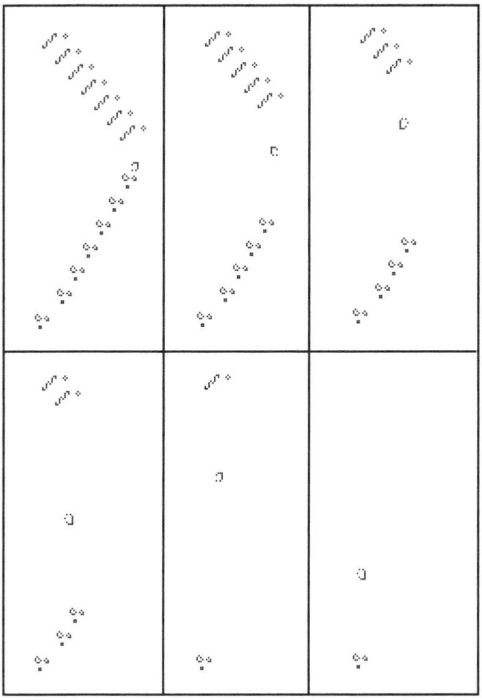

Cette configuration évolue pendant 2 125 générations et disparaît totalement, ce qui est une situation assez rare. Une conséquence des résultats de Conway sur le pouvoir universel de calcul du *Jeu de la vie* est que le problème de savoir si une configuration donnée finit comme celle-ci par disparaître totalement est *indécidable* : aucun algorithme, si rusé soit-il, ne peut prédire en temps fini si une configuration disparaît totalement. Simuler l'évolution de la configuration donnera la réponse si la configuration disparaît, mais ne permettra pas de dire avec certitude quelles sont les configurations qui ne disparaissent pas : au bout de 1 000 générations, si la configuration survit, vous ne disposerez pas forcément d'assez d'informations pour affirmer qu'elle survivra indéfiniment ; au bout de $10^{1\,000}$ générations, vous n'en serez peut-être pas plus certain, etc.

ENCADRÉ 1.23

Mathusalem

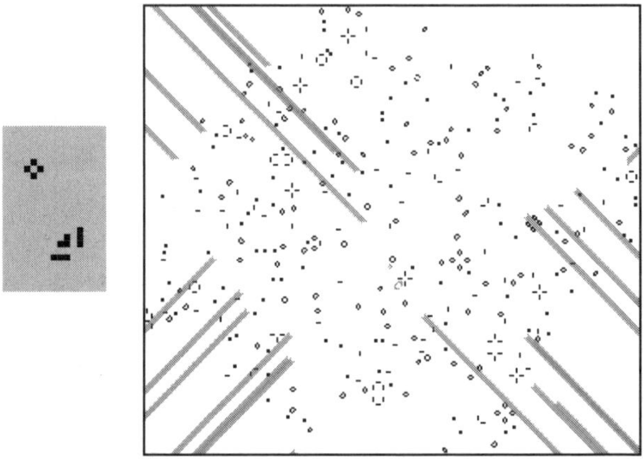

Le 14 juillet 2005, un nouveau record pour les *configurations Mathusalem* a été établi. Une *configuration Mathusalem* est une configuration qui, partant de très peu de cellules, survit très longtemps en créant un grand nombre de cellules (sans toutefois en créer une infinité).

Andrzej Okrasinski et David Bell ont trouvé une configuration de 13 cellules (à gauche) qui ne se stabilise qu'au bout de 29 055 générations et comporte alors 1 623 cellules (à droite). Parmi ces cellules, il y a des *glisseurs* dont les trajets sont représentés en gris sur la figure.

Pour suivre les découvertes récentes sur le *Jeu de la vie* consulter : http://pentadecathlon.com/lifeNews/

Une physique ultrafondamentale ?

Un certain scepticisme moqueur s'exprime parfois concernant les gens qui s'occupent du *Jeu de la vie* : pour mener toutes ces expériences de biologie imaginaire ne faut-il pas être fou et irresponsable, car bien sûr les ordinateurs utilisés sont coûteux et le temps passé à ces recherches pourrait l'être à des calculs plus utiles ?

Mais après tout… est-ce si fou que cela d'étudier l'un des plus simples mondes possibles ? N'est-ce pas le seul moyen pour évaluer ce qui est nécessaire, comme concepts, comme mécanismes de base, comme chimie minimale, pour que « fonctionne un monde » ? Ce que nous voyons se produire dans le plan de Conway nous apprend que, même si notre univers nous apparaît complexe, cela n'entraîne pas que ses lois le soient.

Le principe du rasoir d'Occam veut que l'on simplifie autant que possible ce qui intervient dans une explication ou un modèle : cette exploration du minimum engendrant la complexité qu'est l'étude du *Jeu de la vie* est donc une *physique ultrafondamentale* et une *biologie théorique ultime*. C'est un travail scientifique aussi important que bien d'autres menés ici ou là dans les milliers de disciplines scientifiques qui ne sont pas toujours aussi amusantes et esthétiques !

Le *Jeu de la vie* montre que, même si rien ne permet de l'affirmer définitivement aujourd'hui, le continu utilisé par les physiciens pour modéliser l'espace et le temps est peut-être superflu. Avec le *fini local* des automates cellulaires, et même en ne considérant que des automates cellulaires d'une extrême simplicité, une riche phénoménologie se déploie.

John Conway va plus loin. Pour lui : « Il est probable qu'en remplissant une partie assez grande du plan infini du *Jeu de la vie* par une configuration aléatoire, alors, après un long moment, émergeront des êtres autoreproducteurs intelligents qui peupleront l'espace. »

Cette idée qu'un monde déterministe régi par des lois d'une simplicité absolue est suffisant pour la physique et même pour la vie et l'intelligence est discutée par le philosophe Daniel Dennett qui considère que de tels modèles d'univers n'excluent pas non plus ce que nous appelons la *conscience* et le *libre arbitre*. Pour lui, ce n'est qu'en réussissant à penser ces concepts dans de tels mondes que nous en comprendrons la véritable nature.

2

Jeux de Nim… finis et infinis

À tous les coups on gagne !

RÉSUMÉ. Les jeux de Nim se jouent le plus souvent avec des allumettes. On les dispose en paquets dont on peut imaginer que certains contiennent une infinité d'allumettes. Ces jeux appartiennent à la catégorie des jeux impartiaux, et ils ont donné naissance à une étonnante et magnifique « *théorie des nimbers* » dont l'objectif est d'aider à la conception de méthodes infaillibles assurant de gagner. Étrangement, les nombres ordinaux transfinis de Cantor sont essentiels à l'analyse de certains jeux.

Le professeur Charles Bouton trouve le truc

Parmi les jeux les plus simples où deux joueurs s'affrontent, la catégorie des *jeux combinatoires* est très bien comprise, bien que certains fassent intervenir des ensembles infinis de configurations. On en a acquis une maîtrise approfondie grâce à de jolis résultats mathématiques dont la théorie progresse d'année en année. Tous les amateurs de jeux doivent connaître les bases de cette théorie, car elle est à la fois puissante, élégante et amusante. De plus, elle sert de socle aux développements plus subtils proposés aujourd'hui pour mener la programmation de toutes sortes de jeux plus complexes, dont les jeux de tableaux les plus populaires que sont les dames, les échecs et le go.

Un jeu à deux joueurs entre dans la catégorie des *jeux combinatoires* (« *combinatorial games* ») s'il vérifie les conditions suivantes :

– Les deux joueurs jouent à tour de rôle et il est interdit de passer son tour.

– Toutes les informations concernant le jeu – configurations, possibilités de mouvements des joueurs – sont connues à chaque instant des deux joueurs (information complète).

– Aucun hasard n'intervient dans le jeu : pas de lancers de dés, ni de distributions aléatoires de cartes, etc.

– Dans la version *normale* du jeu, le joueur qui n'a plus aucune possibilité de mouvement perd la partie. Lorsque la convention inverse est adoptée, on parle de la version *misère* ou « qui perd gagne » du jeu : celui qui fait le dernier mouvement légal perd.

Deux types de jeux combinatoires sont particulièrement bien compris et disposent de théories détaillées et puissantes. Il s'agit, d'une part, des *jeux de Nim* entièrement résolus en 1901 par le mathématicien américain de l'université de Harvard Charles Bouton et, d'autre part, des *jeux impartiaux* dont le théorème de Sprague-Grundy donne une compréhension générale et est devenu d'usage courant pour écrire des programmes informatiques.

Nous allons présenter ce noyau fondamental de la théorie des jeux à l'aide d'exemples simples qui vous permettront de briller en société en gagnant d'une manière qui semblera magique à vos adversaires.

Un jeu de Nim à la Mostra de Venise

Sous diverses formes, les jeux de Nim semblent avoir été pratiqués en Europe dès le XVIe siècle et même bien avant en Chine. C'est Charles Bouton qui inventa le nom *Nim* sans qu'on sache si le mot provient de l'allemand *nimm* qui signifie *prendre*, ou du verbe de l'ancien anglais *nim* qui avait le même sens, ou si c'est une astuce graphique puisque, en retournant NIM, on obtient le mot WIN qui signifie « gagner » en anglais. Ce jeu tient une place importante dans l'intrigue du film d'Alain Resnais *L'Année dernière à Marienbad*, dont l'actrice principale est Delphine Seyrig. Ce film obtint le « Lion d'or » de la Mostra de Venise en 1961. On peut voir les extraits du film où les personnages jouent au jeu de Nim au lien : http://www.math.harvard.edu/~knill/mathmovies/swf/marienbad.html

Les règles du jeu de Nim sont les suivantes : des tas d'allumettes (ou de pions, ou même de cartes à jouer) sont disposés devant les joueurs et comportent respectivement N_1 allumettes, N_2 allumettes, ..., N_p allumettes.

Les joueurs jouent à tour de rôle. Jouer signifie prendre une ou plusieurs allumettes dans un même tas. Celui qui prend la dernière allumette a gagné. Dans la version *misère*, celui qui prend la dernière allumette a perdu. Dans le film d'Alain Resnais, la configuration initiale est 1-3-5-7 et c'est la règle *misère* qui est choisie.

L'analyse de ce jeu par Charles Bouton en 1901 l'a conduit à énoncer un théorème inattendu. Celui-ci indique que le joueur qui doit jouer dispose d'une stratégie gagnante de jeu si les entiers (N_1, N_2, ..., N_p) qui décrivent la position du jeu ont une somme non nulle, pour une addition particulière nommée la Nim-addition. Cette Nim-addition – qu'on retrouve dans le théorème de Sprague-Grundy et dans toute la théorie des jeux combinatoires – est assez simple dès que les entiers N_1, N_2, ..., N_p sont écrits en base de numération binaire. Expliquons cette addition bizarre à partir d'un exemple : $N_1 = 11$, $N_2 = 9$, $N_3 = 7$.

Rappelons qu'écrire un nombre en binaire revient à le décomposer en une somme de puissances de 2 : 1, 2, 4, 8, 16, 32... Puisque 11 = 8 + 2 + 1, l'écriture binaire de 11 est `1011`, ce qui signifie 1 fois 8, 0 fois 4, 1 fois 2, 1 fois 1. De même 9 = 8 + 1 = `1001` et 7 = 4 + 2 + 1 = `111`.

La Nim-addition, notée ⊕, consiste à disposer les chiffres binaires comme on le fait quand on pose une addition habituelle, puis à additionner en colonnes, *sans tenir compte des retenues.* Le nombre binaire obtenu retraduit en entier est le résultat. Ainsi $11 \oplus 9 \oplus 7 = 5$ car :

$$\begin{array}{ccccc r} & 1 & 0 & 1 & 1 & (11) \\ \oplus & 1 & 0 & 0 & 1 & (9) \\ \oplus & & 1 & 1 & 1 & (7) \\ \hline = & 0 & 1 & 0 & 1 & (5) \end{array}$$

Notez bien que puisque nous travaillons en base 2 : $1 + 1 = 10$; $1 + 1 + 1 = 11$. Puisque, de plus, nous ne tenons pas compte des retenues, $1 + 1 = 0$; $1 + 1 + 1 = 1$.

Le fait de négliger les retenues a pour conséquence que le chiffre résultat de la somme d'une colonne vaut 0 s'il y a un nombre pair de 1 dans la colonne, et vaut 1 s'il y a un nombre impair de 1 dans la colonne. Pratiquer la Nim-addition est simple dès lors qu'on sait décomposer en binaire et qu'on sait déterminer si un nombre est pair ou impair. Une table de Nim-addition est donnée dans l'encadré 2.1 ci-contre.

La Nim-addition de la configuration (11, 9, 7) est 5 : $11 \oplus 9 \oplus 7 = 5$. D'après le théorème de Bouton, (11, 9, 7) est donc une configuration gagnante. Si c'est à vous de jouer, vous disposez d'une stratégie de jeu gagnante qui consiste à placer votre adversaire en position perdante (c'est-à-dire dans une configuration possédant une Nim-addition nulle). Ici, il faut prendre 5 allumettes dans le troisième paquet, c'est-à-dire placer l'adversaire en position (11, 9, 2), dont la Nim-addition est 0.

$$\begin{array}{ccccc r} & 1 & 0 & 1 & 1 & (11) \\ \oplus & 1 & 0 & 0 & 1 & (9) \\ \oplus & & & 1 & 0 & (2) \\ \hline = & 0 & 0 & 0 & 0 & (0) \end{array}$$

ENCADRÉ 2.1

La Nim-addition

La Nim-addition est une opération entre nombres entiers. Elle se trouve au cœur de la théorie des jeux combinatoires, et savoir la pratiquer permet par exemple de gagner au jeu de Nim. Elle est définie comme un *ou-exclusif* entre les chiffres des écritures binaires des nombres qu'on veut additionner (voir des détails dans le texte principal). La Nim-addition est commutative, associative et possède un élément neutre 0. En voici la table :

⊕	0	1	2	3	4	5	6	7	8	9	10	11	12	13	14
0	0	1	2	3	4	5	6	7	8	9	10	11	12	13	14
1	1	0	3	2	5	4	7	6	9	8	11	10	13	12	15
2	2	3	0	1	6	7	4	5	10	11	8	9	14	15	12
3	3	2	1	0	7	6	5	4	11	10	9	8	15	14	13
4	4	5	6	7	0	1	2	3	12	13	14	15	8	9	10
5	5	4	7	6	1	0	3	2	13	12	15	14	9	8	11
6	6	7	4	5	2	3	0	1	14	15	12	13	10	11	8
7	7	6	5	4	3	2	1	0	15	14	13	12	11	10	9
8	8	9	10	11	12	13	14	15	0	1	2	3	4	5	6
9	9	8	11	10	13	12	15	14	1	0	3	2	5	4	7
10	10	11	8	9	14	15	12	13	2	3	0	1	6	7	4
11	11	10	9	8	15	14	13	12	3	2	1	0	7	6	5
12	12	13	14	15	8	9	10	11	4	5	6	7	0	1	2
13	13	12	15	14	9	8	11	10	5	4	7	6	1	0	3
14	14	15	12	13	10	11	8	9	6	7	4	5	2	3	0

Facile à dire ! Mais comment faire en pratique avec des paquets d'allumettes devant soi ? Ce n'est pas très compliqué, et avec un petit entraînement, on peut opérer de tête les calculs nécessaires. Voici la méthode.

Pensez les nombres en les séparant en paquets ayant chacun un nombre d'allumettes qui est une puissance de 2. Comme nous venons de l'expliquer, cela revient à les écrire en numération binaire. Faites ce travail de tête ou, éventuellement, déplacez légèrement les allumettes pour matérialiser ces décompositions.

Partant de la disposition :

||||||||||| (11)
||||||||| (9)
||||||| (7)

vous obtenez – discrètement – la disposition :

|||||||| || | (11 = 8 + 2 + 1)
|||||||| | (9 = 8 + 1)
         |||| || | (7 = 4 + 2 + 1)

Il est facile maintenant de voir si, oui ou non, il y a un nombre pair de paquets dans chaque colonne. Si c'est le cas, vous ne gagnerez pas face à un adversaire averti, car vous êtes en situation perdante. Sinon, il existe une façon de jouer qui conduit à une configuration dont chaque colonne contient un nombre pair de paquets. Ici, on voit immédiatement qu'il faut enlever le paquet |||| de la dernière ligne, ainsi que le paquet |, c'est-à-dire 5 allumettes au paquet qui en contient 7. C'est d'ailleurs la seule façon de jouer qui, ici, conduise à une configuration nulle.

Exercez-vous avec (13, 10, 3, 1).

|||||||| |||| | (13)
|||||||| || (10)
               || | (3)
                  | (1)

Solution. Il faut enlever |||| et | de la première ligne, c'est-à-dire passer à la position (8, 10, 3, 1).

Reste une double question. Pourquoi le théorème de Bouton est-il vrai ? C'est-à-dire : (a) pourquoi, en opérant comme on vient de l'indiquer à partir d'une situation dont la Nim-addition est non nulle, on finit par gagner? (b) pourquoi, si vous vous trouvez dans une position nulle, vous perdrez face à un adversaire qui connaît et applique la règle de la Nim-addition ?

L'idée de la démonstration est simple; elle se base sur les deux faits suivants assez faciles à établir rigoureusement. Le premier est qu'à partir d'une situation nulle, quoi que vous jouiez, vous créez une situation non nulle; le second est qu'à partir d'une situation non nulle, il existe toujours au moins une façon de jouer qui engendre une situation nulle. Il en résulte que, une fois tombé dans une situation nulle, un joueur n'en sort jamais si son adversaire fait ce qu'il faut, et cela jusqu'à ce qu'il se trouve dans la situation nulle de la fin de partie (quand il n'y a plus aucune allumette) qui signifie qu'il vient de perdre !

Qui perd gagne

Toutes sortes de variantes du jeu de Nim classique ont été envisagées et résolues. La première est la variante *misère* : on convient que le joueur qui prend la dernière allumette perd, comme dans le film d'Alain Resnais.

La solution est la suivante. Vous jouez comme dans le jeu *normal* en appliquant la règle de Bouton, sauf si votre coup conduit à une situation où il ne reste que des paquets d'une seule allumette, auquel cas vous jouez de façon à laisser un nombre impair de paquets d'une allumette (au lieu d'en laisser un nombre pair, ce que le théorème de Bouton vous soufflerait). Bien sûr, dès lors vous êtes certain de gagner. Cette solution est un peu étonnante puisqu'elle signifie que, partant par exemple de (11, 9, 7), le joueur qui commence est certain de gagner, que ce soit la règle *normale* qui détermine le gagnant ou que ce soit la règle *misère*. Il jouera exactement les mêmes coups, sauf par exemple quand, arrivé à (1, 1, 3) qui l'aurait conduit à jouer (1, 1), il choisira de jouer (1, 1, 1) pour le jeu *misère*.

Nous avons maintenant en main tout ce qu'il faut pour jouer parfaitement au jeu du film d'Alain Resnais. La situation initiale est (1, 3, 5, 7) dont la Nim-addition est nulle :

$$\begin{array}{cccccc} & & & 1 & & (1) \\ \oplus & & 1 & 1 & & (3) \\ \oplus & 1 & 0 & 1 & & (5) \\ \oplus & 1 & 1 & 1 & & (7) \\ \hline = & 0 & 0 & 0 & & (0) \end{array}$$

Pour gagner, il ne faut donc pas jouer le premier (que ce soit au jeu *normal* ou au jeu *misère*). En pratique, il sera utile de connaître par cœur la liste des situations perdantes suivantes qui permettent de répliquer instantanément à toutes les situations pouvant se présenter quand on débute par (1, 3, 5, 7).

Positions perdantes à connaître :

$$(n, n), (n, n, m, m), (1, 2, 3), (1, 4, 5), (2, 4, 6),$$
$$(3, 4, 7), (2, 5, 7), (3, 5, 6), (1, 2, 5, 6) \text{ et } (1, 3, 4, 6)$$

Voici maintenant le détail d'une des deux parties jouées dans le film. Nous allons constater que le scénariste – Alain Robbe-Grillet – devait sans doute connaître la méthode de Charles Bouton.

Dans la scène du film, le personnage A explique les règles en disposant des cartes sur une table (dans une autre scène du film, le jeu est pratiqué avec des allumettes). Il connaît sans doute la méthode assurant la victoire et propose donc au personnage B de commencer.

$$(1, 3, 5, 7)$$

Le personnage B prend une carte dans le paquet de 7 cartes :

$$(1, 3, 5, 6)$$

La Nim-addition de la position vaut maintenant 1.

Il y a trois façons de jouer pour reconstituer une Nim-addition nulle. Ce sont (3, 5, 6), (1, 2, 5, 6) et (1, 3, 4, 6) (qui appartiennent bien à notre liste). Le joueur A joue convenablement en choisissant la troisième, c'est-à-dire en prenant une carte du troisième paquet :

(1, 3, 4, 6)

Le personnage B prend toutes les cartes du dernier paquet :

(1, 3, 4)

Le joueur A n'a cette fois qu'une façon de bien jouer : passer à la configuration (1, 3, 2) (c'est-à-dire prendre 2 cartes dans le troisième paquet) qui est équivalente à (1, 2, 3). Cette configuration est présente dans la liste des positions à apprendre par cœur. Il l'utilise :

(1, 3, 2)

Le joueur B prend une carte du troisième paquet :

(1, 3, 1)

Si la règle était la règle *normale*, le joueur A devrait jouer (1, 1) (prendre toutes les cartes du deuxième paquet), mais la règle utilisée étant la règle *misère*, le joueur A doit donc jouer (1, 1, 1) (prendre 2 cartes dans le deuxième paquet). C'est ce qu'il fait :

(1, 1, 1)

Le personnage B comprend qu'il a perdu. Il joue quand même en prenant une carte :

(1, 1)

Le joueur A joue une dernière fois, laissant la dernière carte à B :

(1)

B prend la dernière carte et perd.

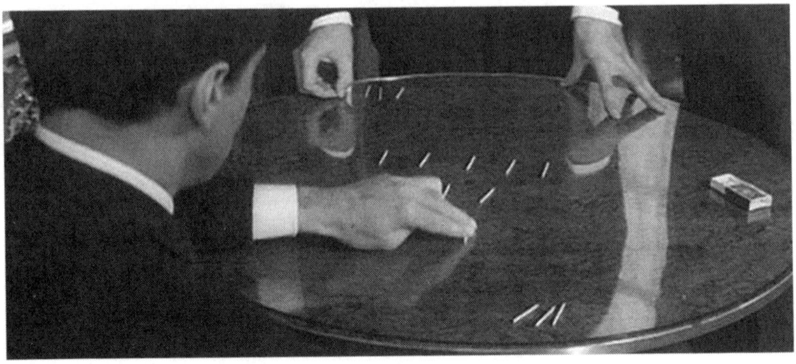

Dans le film d'Alain Resnais *L'Année dernière à Marienbad*, les personnages jouent des parties de Nim.

La variante de Moore

Une généralisation du jeu de Nim, notée Nim_k (k étant un entier ≥ 1), a été étudiée et résolue par le mathématicien Eliakim Hastings Moore (1862-1932). Le jeu consiste à autoriser les joueurs à prendre des allumettes non pas dans un paquet unique, mais dans plusieurs paquets, pourvu qu'ils n'en prennent pas dans plus de k paquets (k fixé) et pourvu qu'ils en prennent au moins une quelque part. Le jeu de Nim de Bouton est simplement Nim_1. Dans une partie de Nim_2, chaque joueur prend, à chaque coup, autant d'allumettes qu'il veut dans un ou deux paquets mais en prend au moins une.

La solution de Moore est presque aussi simple que celle de Bouton, qu'elle généralise. On procède exactement de la même manière (décomposition en binaire de chaque nombre définissant une configuration du jeu), sauf qu'au lieu d'effectuer une somme sans retenue en base 2 sur les colonnes, on l'effectue en base $k + 1$. Si le résultat est nul, c'est que la situation est perdante, sinon elle est gagnante et la stratégie de jeu consiste à créer une situation nulle pour son adversaire et à l'y maintenir de coup en coup.

Considérons par exemple $k = 2$: celui qui joue prend autant d'allumettes qu'il veut pourvu qu'il n'en prenne que dans deux paquets différents au plus et qu'il en prenne une. En partant de la position déjà traitée, le calcul donne :

$$\begin{array}{ccccc r} & 1 & 0 & 1 & 1 & (11) \\ \oplus & 1 & 0 & 0 & 1 & (9) \\ \oplus & & 1 & 1 & 1 & (7) \\ \hline = & 2 & 1 & 2 & 0 & \text{non nulle} \end{array}$$

Pour que le nombre de 1 de chaque colonne soit un multiple de 3 (car ici $k + 1 = 3$), on choisit d'agir sur les deux premiers paquets. On est conduit à la position (7, 7, 7).

$$\begin{array}{cccc r} & 1 & 1 & 1 & (7) \\ \oplus & 1 & 1 & 1 & (7) \\ \oplus & 1 & 1 & 1 & (7) \\ \hline = & 0 & 0 & 0 & \text{nulle} \end{array}$$

L'adversaire en jouant créera une configuration non nulle à laquelle vous répondrez en le remettant dans une position nulle, etc.

La variante Whim de John Conway

La variante suivante, proposée par le célèbre mathématicien John Conway, dont le nom apparaîtra plusieurs fois encore dans les autres chapitres, est un mélange subtil et délicat du Nim-*normal* et du Nim-*misère*.

Au départ, les joueurs ne décident pas entre le Nim-*normal* et le Nim-*misère*. Chaque joueur prend des allumettes dans un paquet à chaque tour. Cependant, un coup particulier nommé Whim (ce qui signifie caprice en anglais) est aussi autorisé qui consiste à décider si la partie se jouera au jeu *normal* ou *misère*. Celui qui joue le coup de Whim ne prend pas d'allumettes. Le coup de Whim ne peut être joué qu'une seule fois et, quand le choix est effectué par celui qui joue le coup de Whim, il est impossible de revenir en arrière. Le coup de Whim doit être joué au moins une fois. Il résulte de cette dernière règle que s'il ne reste aucune allumette et que le coup de Whim n'ait pas encore été joué, celui dont c'est le tour décidera évidemment de choisir Nim-*normal*, car en faisant cela il joue le dernier mouvement légal et donc il gagne.

Bien sûr, si le joueur qui commence est en position perdante au jeu *normal* (position dont la Nim-addition est nulle), il doit immédiatement faire le coup de Whim (en choisissant Nim-*normal*), car il laissera la position inchangée (donc perdante pour l'adversaire) et gagnera ainsi la partie. Dans le cas contraire, le joueur ne doit surtout pas jouer le bon coup au sens normal qui donnerait une position de Nim-addition nulle à son adversaire, car cela permettrait à celui-ci d'invoquer au tour suivant le coup de Whim qui lui assurerait la victoire. En conséquence, le joueur dans une situation dont la Nim-addition est non nulle doit jouer un coup perdant pour le jeu de Nim-*normal*. Mais lequel ? Comment choisir le moment précis de la partie où il faut jouer le coup de Whim ?

L'astuce découverte par John Conway n'est pas évidente, même pour un expert du jeu de Nim. Elle consiste à ajouter un paquet virtuel d'allumettes aux paquets réels. Ce paquet virtuel comporte une allumette si, parmi les tas réels, il y a au moins un paquet qui possède 4 allumettes ou plus, et 2 allumettes, s'il n'y a aucun paquet de 4 allumettes ou plus. Invoquer le coup de Whim fait disparaître le paquet virtuel. Si un coup change une position comportant un paquet de 4 allumettes ou plus en une position ne comportant plus aucun paquet de plus de 3 allumettes, le paquet virtuel acquiert sa deuxième allumette après le coup.

Reprenons notre exemple (11, 9, 7). Pour jouer au Whim, puisqu'il y a des paquets ayant plus de 4 allumettes, on imagine un paquet fictif supplémentaire possédant une allumette :

$$\begin{array}{ccccc r}
 & 1 & 0 & 1 & 1 & (11) \\
\oplus & 1 & 0 & 0 & 1 & (9) \\
\oplus & & 1 & 1 & 1 & (7) \\
\oplus & & & & 1 & (1)\ \text{(paquet fictif)} \\
\hline
= & 0 & 1 & 0 & 0 & (4)
\end{array}$$

En appliquant le théorème de Bouton, on enlèvera donc 4 allumettes au paquet de 7, ce qui placera l'adversaire en position :

$$\begin{array}{ccccc r}
 & 1 & 0 & 1 & 1 & (11) \\
\oplus & 1 & 0 & 0 & 1 & (9) \\
\oplus & & 0 & 1 & 1 & (3) \\
\oplus & & & & 1 & (1)\ \text{(paquet fictif)} \\
\hline
= & 0 & 0 & 0 & 0 & (0)
\end{array}$$

Comme précédemment, la démonstration que la méthode décrite par Conway est bonne consiste à s'assurer que, à partir de chaque position nulle (avec le paquet fictif), on ne peut que créer des positions non nulles, et que, partant d'une position non nulle, on peut toujours trouver une façon de jouer qui conduise à une position nulle.

ENCADRÉ 2.2

La machine qui gagne

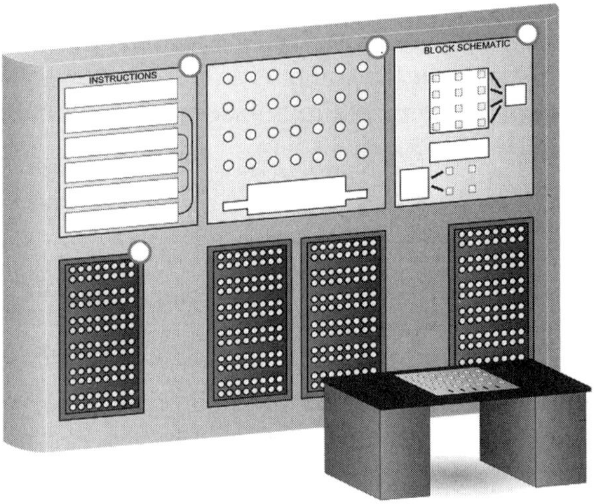

La stratégie gagnante du jeu de Nim qui fait intervenir la numération binaire se prête particulièrement bien à la programmation ou même à la construction de dispositifs électroniques pas très complexes qui jouent parfaitement au jeu de Nim. Aussi, très tôt, des programmes et des machines spécialisées ont été conçus pour jouer – et gagner – au jeu de Nim.

La machine *Nimrod* fut construite en 1951 par Feranti, une firme britannique de matériel électrique. La machine fut présentée au public lors de l'exposition *Festival of Britain*, en mai 1951, à Londres. Cette machine n'était pas un ordinateur complet, car celui que Feranti avait prévu d'exposer n'avait pu être mis au point à temps ; en réalité, la machine Nimrod ne savait faire qu'une seule chose : jouer au jeu de Nim ! Sa présentation fut un grand succès, mais, ainsi que le raconte un témoin de l'époque, ce qui intéressait le public n'était pas de jouer contre la machine mais les impressionnantes séries de lampes clignotantes dont elle était équipée et qui matérialisaient son activité « pensante » !

Des paquets d'allumettes infinis !

Les jeux finis sont certes amusants, mais le propre des mathématiques est de considérer l'infini avec le plus grand sérieux et donc... d'inventer des jeux qui l'utilisent !

Le jeu de Nim-*normal* se pratique en partant d'une série de paquets d'allumettes comportant chacun un nombre fini d'allumettes. Et si l'on acceptait des paquets infinis d'allumettes ?

Georg Cantor a introduit une catégorie de nombres infinis qui vont parfaitement faire l'affaire et qui garantiront que toute partie se termine par un gagnant ou un perdant. Il s'agit des nombres ordinaux.

Rappelons que, pour les construire, on convient qu'au-delà de tous les entiers 0, 1, 2, ..., n, ... on trouve un nombre plus grand, noté ω (oméga) et dénommé *premier ordinal transfini*. On convient aussi qu'il y a un ordinal juste au-dessus de lui, $\omega + 1$, et un autre juste au-dessus encore, $\omega + 2$, puis $\omega + 3$, $\omega + 4$, etc. Au-delà de tous ces nombres transfinis, il y a 2ω (diverses notations sont possibles, nous choisissons la plus naturelle). Il y a ensuite $2\omega + 1$, $2\omega + 2$, $2\omega + 3$, ..., 3ω, $3\omega + 1$, $3\omega + 2$, ..., 4ω, ... et, juste après tous ces $n\omega + m$, il y a ω^2. Nous nous contenterons de ces ordinaux-là, mais tout ce que nous allons dire se généralise aux ordinaux au-delà de ω^2 ... et il y en a beaucoup !

ENCADRÉ 2.3

Ordinaux et allumettes

L'image – réalisée par Francesco De Comité – représente un paquet d'allumettes ayant ω^2 allumettes. En bas de la figure, il y a un premier groupe d'allumettes dont les tailles décroissent – comme si on les voyait en perspective –, groupe qui constitue un paquet infini de ω allumettes. La notation ω désigne le *premier ordinal transfini* de Cantor.

La première allumette du deuxième groupe est l'allumette $\omega + 1$. Celle juste au-dessus est l'allumette $\omega + 2$, puis au-dessus encore l'allumette $\omega + 3$, puis $\omega + 4$, etc. Les divers « triangles » représentent les nombres ordinaux 2ω, 3ω, 4ω... Le tout est un paquet possédant ω^2 allumettes.

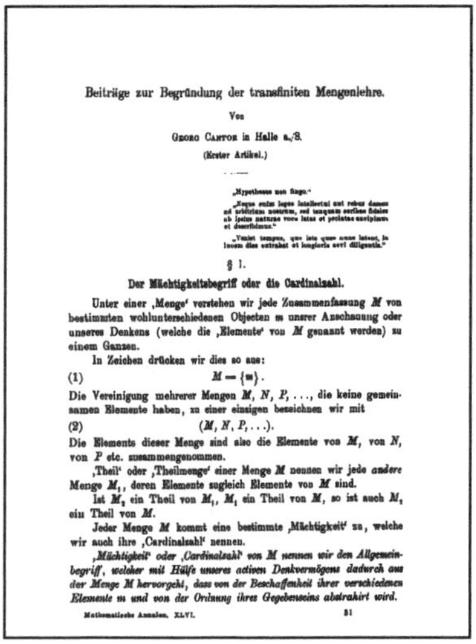

Beiträge zur Begründung der transfiniten Mengenlehre.

Von

Georg Cantor in Halle a./S.

(Erster Artikel.)

„Hypotheses non fingo."

„Neque enim leges intellectui aut rebus damus ad arbitrium nostrum, sed tanquam scribae fideles ab ipsius naturae voce latas et prolatas excipimus et describimus."

„Veniet tempus, quo ista quae nunc latent, in lucem dies extrahat et longioris aevi diligentia."

§ 1.

Der Mächtigkeitsbegriff oder die Cardinalzahl.

Unter einer ‚Menge' verstehen wir jede Zusammenfassung M von bestimmten wohlunterschiedenen Objecten m unsrer Anschauung oder unseres Denkens (welche die ‚Elemente' von M genannt werden) zu einem Ganzen.

In Zeichen drücken wir dies so aus:

(1) $$M = \{m\}.$$

Die Vereinigung mehrerer Mengen $M, N, P, \ldots$, die keine gemeinsamen Elemente haben, zu einer einzigen bezeichnen wir mit

(2) $$(M, N, P, \ldots).$$

Die Elemente dieser Menge sind also die Elemente von M, von N, von P etc. zusammengenommen.

‚Theil' oder ‚Theilmenge' einer Menge M nennen wir jede *andere* Menge M_1, deren Elemente zugleich Elemente von M sind.

Ist M_2 ein Theil von M_1, M_1 ein Theil von M, so ist auch M_2 ein Theil von M.

Jeder Menge M kommt eine bestimmte ‚Mächtigkeit' zu, welche wir auch ihre ‚Cardinalzahl' nennen.

‚Mächtigkeit' oder ‚Cardinalzahl' von M nennen wir den Allgemeinbegriff, welcher mit Hülfe unseres activen Denkvermögens dadurch aus der Menge M hervorgeht, dass von der Beschaffenheit ihrer verschiedenen Elemente m und von der Ordnung ihres Gegebenseins abstrahirt wird.

Mathematische Annalen. XLVI. 31

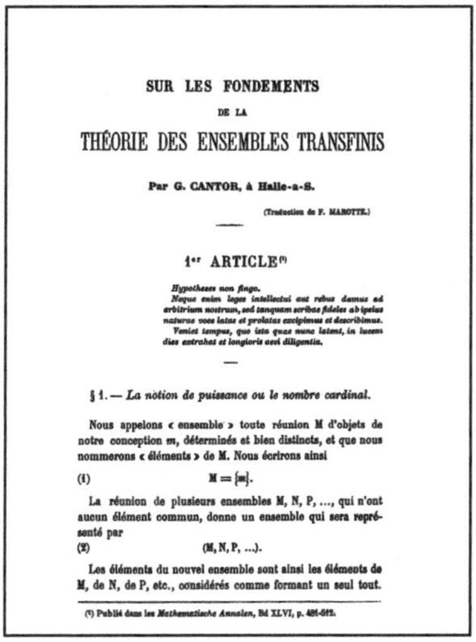

SUR LES FONDEMENTS

DE LA

THÉORIE DES ENSEMBLES TRANSFINIS

Par G. CANTOR, à Halle-a-S.

(Traduction de F. MAROTTE.)

1er ARTICLE(¹)

Hypotheses non fingo.

Neque enim leges intellectui aut rebus damus ad arbitrium nostrum, sed tanquam scribae fideles ab ipsius naturae voce latas et prolatas excipimus et describimus.

Veniet tempus, quo ista quae nunc latent, in lucem dies extrahat et longioris aevi diligentia.

§ 1. — *La notion de puissance ou le nombre cardinal.*

Nous appelons « ensemble » toute réunion M d'objets de notre conception m, déterminés et bien distincts, et que nous nommerons « éléments » de M. Nous écrirons ainsi

(1) $$M = \{m\}.$$

La réunion de plusieurs ensembles M, N, P, ..., qui n'ont aucun élément commun, donne un ensemble qui sera représenté par

(2) $$(M, N, P, \ldots).$$

Les éléments du nouvel ensemble sont ainsi les éléments de M, de N, de P, etc., considérés comme formant un seul tout.

(¹) Publié dans les *Mathematische Annalen*, Bd XLVI, p. 481-512.

À gauche, la première page du mémoire de Georg Cantor où il définit les nombres transfinis et, à droite, sa traduction française. Ce mémoire marque la naissance d'un monde mathématique où l'infini n'effraie plus le mathématicien.
Les découvertes de Cantor sur l'infini – entre 1879 et 1884 – suscitèrent l'hostilité de nombreux mathématiciens, au premier rang desquels on trouve Henri Poincaré et Leopold Kronecker. Ce dernier s'en prit vivement à Cantor, bloquant la publication de ses travaux et tentant même de nuire à sa carrière universitaire.

Une situation du jeu de Nim infini est une série de paquets d'allumettes ayant chacun un nombre d'allumettes, représenté par un ordinal jusqu'à ω^2.

Exemple :

$$(\omega + 5, \omega^2, 2\omega + 1, 9\omega, 7)$$

Jouer consiste à prendre une ou des allumettes dans un paquet, c'est-à-dire à remplacer l'ordinal désignant le paquet d'allumettes par un ordinal plus petit. On pourra, à partir de la configuration décrite ci-dessus, prendre des allumettes dans le deuxième paquet – le plus gros – et y laisser par exemple $5\omega + 1$ allumettes, ce qui donnera la configuration :

$$(\omega + 5, 5\omega + 1, 2\omega + 1, 9\omega, 7)$$

Est-on certain qu'une partie de ce jeu se terminera toujours ?

Cela ne semble pas évident puisqu'il y a une infinité d'allumettes dans certains paquets. Pourtant, on montre sans trop de mal que toute partie a nécessairement une durée finie. Il est impossible de dire à l'avance que la durée d'une partie sera inférieure à n (n étant un entier fixé), mais aucune partie ne peut se prolonger indéfiniment. Cette propriété provient de la caractéristique fondamentale des ordinaux : une suite strictement décroissante d'ordinaux, $or_1 > or_2 > or_3 > \ldots$, ne peut pas être infinie. Si une partie infinie était possible, alors l'un des paquets au moins serait choisi une infinité de fois par les joueurs. Les ordinaux qui représentent les états successifs différents de ce paquet d'allumettes constitueraient alors une suite infinie strictement décroissante d'ordinaux, ce qui ne se peut pas. Il n'y a donc pas de parties infinies.

Comment gagner au Nim infini ?

En jouant quelques parties, vous découvrirez qu'avec ces paquets infinis il y a aussi des configurations qui assurent de gagner, et d'autres qui, quoi qu'on fasse, ne permettent pas de battre un adversaire malin.

Il est clair par exemple que $(\omega, 12)$ est une situation gagnante : il faut jouer (12, 12). De même, pour tout entier n, (ω, n) est gagnante. En revanche (ω, ω) est perdante car quoi que vous fassiez votre adversaire pourra répliquer en vous plaçant dans une configuration (n, n) qui est perdante (elle a une Nim-addition nulle). De proche en proche, on remarque ainsi que (ω, ω, ω) est gagnante, $(\omega, \omega, \omega, \omega)$ est perdante, etc.

Comment faire dans le cas général ?

Voici la règle qui généralise le théorème de Bouton :

Énonçons-la d'abord sans prendre en compte ω^2. La configuration $(a_1\omega + b_1, a_2\omega + b_2, \ldots, a_k\omega + b_k)$ est perdante si la Nim-addition des a_i est nulle ainsi que la Nim-addition des b_i. S'il y a en plus des ω^2, pour que la configuration soit perdante, il faut que leur nombre soit pair. Dans tous les autres cas, la configuration est gagnante et, bien sûr, la stratégie de jeu qui permet de gagner consiste à mettre l'adversaire dans une situation perdante et à l'y maintenir de coup en coup.

Traitons un exemple. Partons de :

$$(\omega + 5, \omega^2, 2\omega + 1, 9\omega, 7)$$

Il n'y a qu'un seul ω^2, il faut donc le supprimer (ils doivent être en nombre pair). Nous agirons donc sur le paquet numéro 2.

Les coefficients des ω sont 1, 2, 9, leur Nim-addition vaut 10 ; donc pour obtenir 0 en ajoutant un autre nombre, il suffit d'ajouter un 10 (on utilise le fait que la Nim-addition de (n, n) est toujours nulle). Pour les coefficients sans ω, 5, 1, 7, dont la Nim-addition est 3, il suffit d'ajouter un 3. Il s'agit donc de remplacer ω^2 par $10\omega + 3$, ce qui conduit à :

$$(\omega + 5, 10\omega + 3, 2\omega + 1, 9\omega, 7)$$

Ensuite, quoi que fasse l'adversaire, il sera possible de le remettre dans une position à la fois nulle pour les a_i, et nulle pour les b_i. Et cela de proche en proche, jusqu'à gagner !

Non seulement on peut inventer des jeux avec l'infini, mais on peut en acquérir une maîtrise parfaite.

Jeux impartiaux

Venons-en maintenant au théorème magique de Sprague-Grundy (découvert indépendamment par Roland Sprague en 1935 et par Patrick Grundy en 1939). Il concerne la catégorie particulière de *jeux combinatoires* dénommée *jeux impartiaux*.

Ce sont des jeux tous assez semblables au jeu de Nim-*normal*.

a) Les coups permis à un joueur ne dépendent que de la configuration.

b) Le but est de placer l'adversaire dans une position où il ne peut plus jouer.

c) Les règles du jeu sont telles qu'il n'y a pas de partie nulle ou se prolongeant indéfiniment.

Selon que le jeu impartial comporte un ensemble fini de positions possibles, ou pas, on dit que c'est un *jeu impartial fini* ou un *jeu impartial infini*. Notez bien qu'il peut y avoir une infinité de positions possibles sans pourtant qu'il existe des parties infinies (ce qui est exigé par le point c de la définition) ; c'est d'ailleurs ce qui se passe pour le jeu de Nim avec des ordinaux : les configurations possibles sont infinies, mais chaque partie est finie.

Un exemple général de jeu impartial fini est le jeu du déplacement d'un pion sur un graphe sans cycle. Il va nous guider pour expliquer le théorème. Un pion est placé sur le nœud d'un graphe donné qui ne doit pas comporter de cycle (on ne doit y trouver aucune suite d'arcs formant une boucle). Chaque joueur déplace, à son tour, le pion en suivant un arc du graphe. Le joueur qui ne peut plus déplacer le pion a perdu.

Voici maintenant l'énoncé du théorème de Sprague-Grundy qui comporte trois volets.

(I) Chaque position d'un jeu impartial fini est équivalente à un jeu de Nim avec un seul paquet dont le nombre d'allumettes est un entier ; ce nombre est nommé le *nimber* de la position.

(II) Le calcul du *nimber* d'une position se fait par la règle du *mex* (minimum de la valeur exclue) : les positions finales ont pour *nimber* 0 ; le *nimber* d'une position permettant d'atteindre les positions de *nimber* $n_1, n_2, \ldots, n_k$ est le plus petit entier qui n'est pas dans la liste $n_1, n_2, \ldots, n_k$.

(III) Lorsque l'on joue simultanément à plusieurs jeux impartiaux (jeu 1, jeu 2, …, jeu *m*), le *nimber* de la position définie comme la combinaison de la position P_1 du jeu 1, P_2 du jeu 2, …, P_m du jeu *m* est la Nim-addition des *nimbers* des positions $P_1, P_2, \ldots, P_m$.

ENCADRÉ 2.4

Le pion sur un graphe

Chaque joueur fait avancer le pion en suivant un arc du graphe. Le joueur qui ne peut plus jouer a perdu. Comment faut-il jouer ?

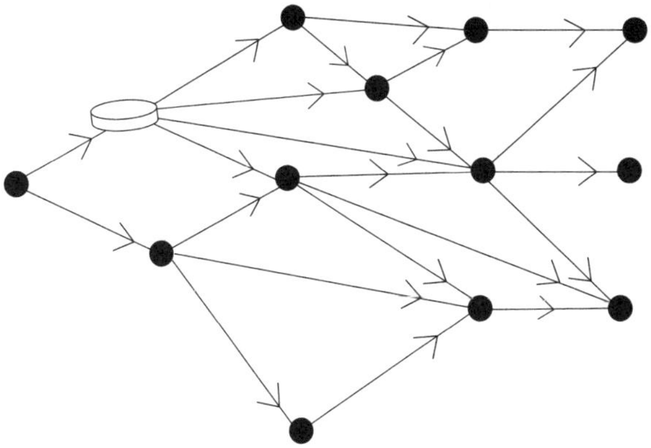

Cela semble un peu difficile à avaler, mais en pratique c'est très simple. Reprenons l'exemple du pion sur un graphe – auquel tout jeu impartial fini peut d'ailleurs se ramener si l'on veut. Il va nous faire comprendre l'immense intérêt pratique du théorème.

Pour savoir comment jouer quand un pion est placé sur le graphe, la méthode consiste à calculer le *nimber* de chaque nœud du graphe. Grâce à la règle du *mex*, c'est l'affaire de quelques secondes pour chaque nœud du graphe (voir l'encadré 2.5). Pour jouer et gagner, la méthode est alors simple : tentez de placer votre adversaire dans une position dont le *nimber* est 0, et dès que c'est fait maintenez-le toujours dans des positions de *nimber* 0. Si vous êtes dans une position dont le *nimber* est non nul, c'est possible, sinon c'est impossible et vous devez espérer que votre adversaire n'a pas connaissance du théorème de Sprague-Grundy et qu'il place par erreur le pion dans une position non nulle. Comme dans le jeu de Nim, une fois dans une position de *nimber* 0, quoi que fasse votre adversaire, vous pourrez toujours le remettre dans une position de *nimber* 0.

La troisième partie du théorème concerne les jeux simultanés (on dit aussi les « sommes de jeux ») dont voici l'exemple le plus simple. Au lieu de placer un pion sur le graphe, placez-en plusieurs. La règle de ce nouveau jeu est que chaque joueur, chaque fois qu'il doit jouer, déplace un pion (et un seul) qu'il choisit librement – toujours en suivant un arc du graphe bien sûr. Le joueur qui ne peut plus déplacer aucun pion a perdu. Un autre jeu simultané serait de considérer plusieurs graphes différents avec un pion sur chacun, chaque joueur déplaçant un pion chaque fois que son tour arrive.

Le théorème de Sprague-Grundy formule une méthode magique pour gagner. À chaque ensemble de pions sur le graphe correspond un *nimber.* Pour le connaître, il suffit de faire la Nim-addition des *nimbers* des nœuds où sont placés les pions. Si le résultat est non nul, vous êtes certain de gagner : la stratégie gagnante consistera à déplacer un pion de telle façon que la Nim-addition des cases qu'occuperont les pions après votre déplacement soit toujours nulle. D'une manière tout à fait générale, le théorème de Sprague-Grundy fournit le moyen de calculer les *nimbers* de tout jeu impartial (par la règle du mex), et est un moyen très rapide et efficace de calculer les *nimbers* associés à des positions d'un jeu simultané.

ENCADRÉ 2.5

La règle du mex

Les jeux impartiaux – voir la définition dans le texte – sont tous équivalents à des jeux de déplacement de pions sur un graphe sans cycle (c'est-à-dire sans possibilité de tourner en rond). Un pion est placé sur un nœud du graphe du jeu et, à tour de rôle, les joueurs le font avancer en suivant les arcs (orientés) du graphe. Lorsque plusieurs arcs du graphe partent du nœud où est posé le pion, le joueur a plusieurs coups

possibles. Lorsque plus aucun arc ne part du nœud où est posé le pion, celui-ci est bloqué. Le premier joueur qui se trouve bloqué a perdu.
Le jeu se pratique aussi avec plusieurs pions sur le même graphe (on parle alors de jeux simultanés ou de *somme de jeux*). Lorsque c'est son tour, le joueur avance un pion de son choix. Le joueur qui ne peut plus bouger aucun pion a perdu. Dans la règle avec plusieurs pions, on n'interdit pas la présence de plusieurs pions sur un même nœud.
Le théorème de Sprague-Grundy indique que, pour gagner à de tels jeux avec un ou plusieurs pions, il faut commencer par marquer chaque nœud du graphe par un entier (dénommé *nimber*) qu'on obtient par la méthode suivante :
– Les nœuds qui correspondent à un blocage du pion sont marqués par un 0.
– De proche en proche, on marque chaque nœud N par l'entier le plus petit qui n'apparaît pas dans les nœuds accessibles à partir de N. Si par exemple à partir de N, on peut accéder à des nœuds marqués 0, 1, 3, le nœud N sera marqué 2. C'est la règle du *mex* (minimum de la valeur exclue).
Le théorème de Sprague-Grundy indique comment gagner.

Jeu avec un seul pion : pour gagner, il faut mettre le pion sur un nœud de *nimber* 0. Une fois qu'on a réussi, on est certain de toujours pouvoir répliquer à un coup de l'adversaire en le remettant sur un nœud de *nimber* 0.

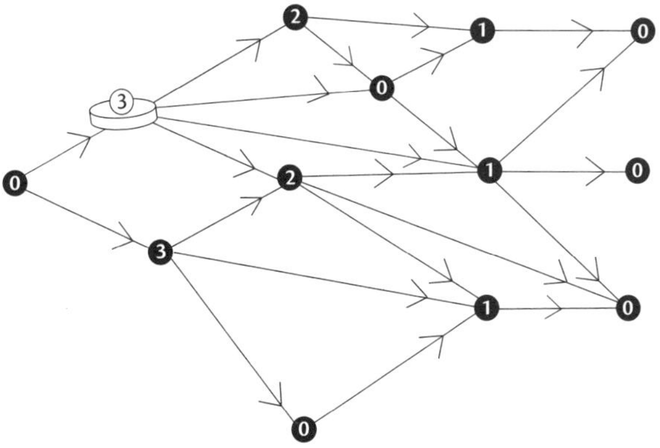

ENCADRÉ 2.6

Le jeu à plusieurs pions

Jeu avec plusieurs pions : pour gagner, il faut mettre l'adversaire dans une position telle que la Nim-addition des *nimbers* des cases occupées par les pions soit nulle. Là encore, une fois l'adversaire placé dans une telle position, on est certain de pouvoir toujours le remettre dans une telle position en réponse à ce qu'il jouera.
Sur le dessin, un jeu avec 3 pions est représenté. Le joueur à qui c'est le tour doit bouger le pion qui est sur le nœud de *nimber* 2 et le placer sur le nœud à droite (de *nimber* 0). La position de son adversaire sera alors constituée de 3 pions de *nimbers* 3, 3 et 0. La Nim-addition de ces trois nombres est nulle, l'adversaire aura donc perdu.

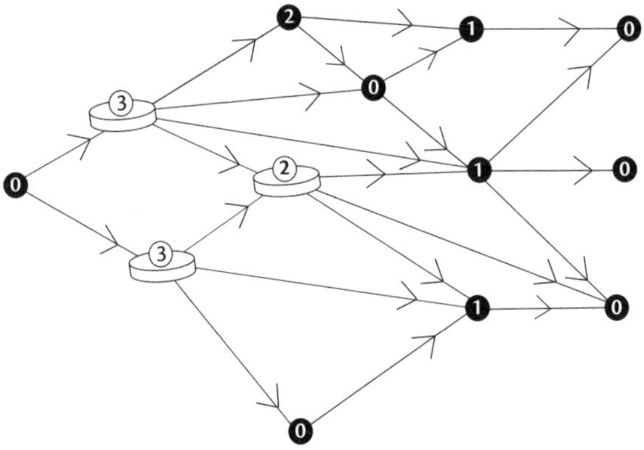

L'intérêt des jeux simultanés provient du fait que souvent un jeu peut se décomposer en une somme de jeux simultanés plus simples. C'est le cas de la fin des parties au jeu de go quand plusieurs actions se déroulent indépendamment les unes des autres sur le goban. C'est le cas aussi du jeu des Pousses (ou jeu de Sprouts : cherchez sur Internet) car rapidement des sous-jeux indépendants apparaissent dont la méthode des *nimbers* permet la résolution.

Comme la règle du mex est facile à programmer, une méthode efficace de programmation des jeux impartiaux doit se baser sur le calcul du *nimber* en utilisant la règle du mex et, chaque fois que c'est possible, en utilisant la troisième partie du théorème de Sprague-Grundy. Cette méthode utilisée par Julien Lemoine et Simon Viennot leur a permis de battre tous les records au jeu des Pousses en 2007.

Le jeu de Grundy

Le jeu suivant est très simple en apparence, mais il est en réalité très difficile de bien y jouer. Il permet de voir l'intérêt pratique des *nimbers* et du théorème de Sprague-Grundy.

Une position du jeu de Grundy est une suite de piles d'allumettes. Jouer consiste à couper une pile en deux piles inégales. Le joueur qui ne peut plus jouer (c'est-à-dire lorsqu'il ne reste plus que des piles avec une ou 2 allumettes) a perdu. Au départ, on dispose d'un seul paquet de n allumettes. Traitons le jeu avec $n = 20$.

Un début de partie pourrait être :

$$(20) \rightarrow (9, 11) \rightarrow (4, 5, 11) \rightarrow (1, 3, 5, 11) \rightarrow (1, 3, 5, 2, 9) \rightarrow \dots$$

Pour gagner, il faut déterminer le *nimber* de chaque position possible du jeu. Il y en a beaucoup, mais il n'est pas nécessaire de calculer le *nimber* de toutes, car chaque fois qu'un paquet est coupé en deux, tout se passe comme si l'on jouait à un jeu simultané avec les deux paquets restants. Pour connaître le *nimber* des positions composées de plusieurs paquets d'allumettes, il suffit donc de faire la Nim-addition des *nimbers* de chacun des paquets. Pour bien jouer, on se contentera donc de connaître la table des *nimbers* des positions simples d'un seul paquet, cela pour les paquets d'une allumette jusqu'à 20 allumettes.

La voici :

(1)	(2)	(3)	(4)	(5)	(6)	(7)	(8)	(9)	(10)
0	0	1	0	2	1	0	2	1	0
(11)	(12)	(13)	(14)	(15)	(16)	(17)	(18)	(19)	(20)
2	1	3	2	1	3	2	4	3	0

Expliquons comment on l'obtient.

La position (1) et la position (2) sont perdantes, car le joueur à qui c'est le tour ne peut pas jouer. Leur *nimber* est donc 0.

La position (3) a pour *nimber* 1, car on ne peut que jouer (1, 2) qui a comme *nimber* 0, et donc, par application de la règle du mex, cela signifie que la position (3) a pour *nimber* 1.

La position (4) permet d'atteindre une seule position (1, 3) qui a pour *nimber* la Nim-addition des *nimbers* des positions (1) et (3), c'est-à-dire 0 et 1. Cette Nim-addition vaut 1, et donc, par la règle du mex, le *nimber* de (4) est 0.

De la position (5) on peut arriver à (1, 4) ou à (2, 3) dont les *nimbers* sont 0 et 1. Donc le *nimber* de (5) est 2.

De la position (6) on peut atteindre les positions (1, 5) (2, 4) qui ont comme *nimbers* 2 et 0. Donc le *nimber* de (6) est 1. Etc.

Si vous êtes en position (20) dont le *nimber* est 0, vous perdrez face à un bon joueur.

En revanche, si vous partez de la position (19), vous pouvez gagner en jouant (5, 14) car, d'après le tableau, les *nimbers* de (5) et (14) sont 2 et 2 dont la Nim-addition donne 0.

Notons qu'aujourd'hui on ne sait pas comment évolue la suite du tableau pour les très grandes valeurs de n. On a calculé le tableau jusqu'à 2^{35}, sans réussir à comprendre la structure de la suite des *nimbers* rencontrés. On ne sait même pas si la suite devient périodique à partir d'un certain rang !

Vous trouverez des informations sur ce jeu en : http://www.yucs.org/~gnivasch/cgames/spraguegrundy/index.html et http://www.homes.uni-bielefeld.de/achim/grundy.html

ENCADRÉ 2.7

Analyse d'un jeu de tableau à plusieurs pions

Grâce à l'aide du théorème de Sprague-Grundy, nous allons analyser et résoudre complètement le jeu suivant, ce qui serait pratiquement impossible autrement.

Sur un damier 5 × 5, on place 5 pions sur la colonne de gauche. Un pion peut bouger d'une ou deux cases vers la droite ou d'une ou deux cases vers le bas à chaque coup. Les joueurs jouent à tour de rôle en déplaçant un pion qu'ils choisissent librement. Plusieurs pions peuvent se trouver sur une même case. Tous les pions finissent par arriver sur la case en bas à droite. Le premier joueur qui ne peut plus jouer (parce que tous les pions sont arrivés) a perdu. Comment gagner ?

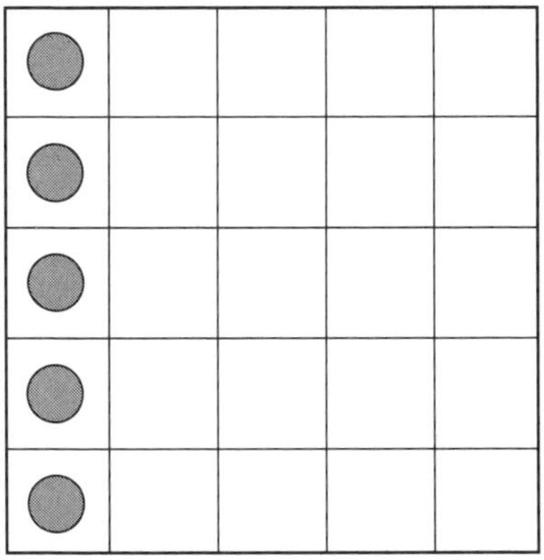

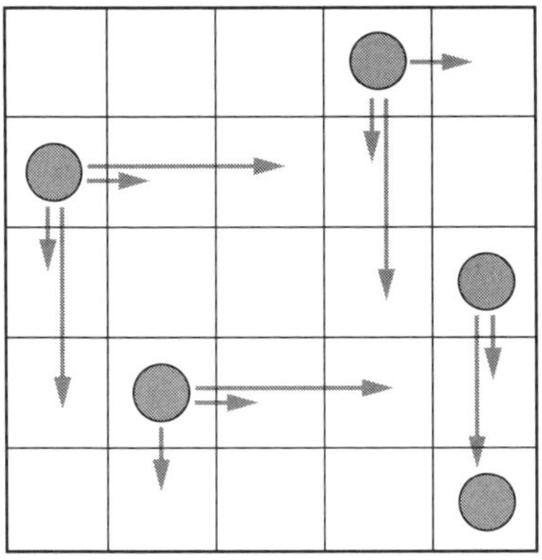

Solution

On calcule le *nimber* de chaque case en utilisant la règle du mex qui permet de remplir le tableau progressivement de la droite vers la gauche.

(0)	1	3	0	1
(1)	0	2	1	0
(3)	2	→ 0	3	2
(0)	1	3	0	1
(1)	0	2	1	0

Pour la colonne de gauche, on a trouvé les *nimbers* 0, 1, 3, 0, 1 dont la Nim-addition est 3. Le joueur qui commence dispose donc d'une stratégie gagnante. Son premier coup doit amener l'adversaire dans une position ayant une Nim-addition nulle. Il y a deux solutions pour cela : prendre le pion de la ligne 3 et le déplacer de deux cases vers la droite ou d'une case vers le bas. La configuration créée aura alors comme *nimber* le résultat de la Nim-addition de 0, 1, 0, 1 et 0 qui est 0.

ENCADRÉ 2.8

Un jeu infini de pions

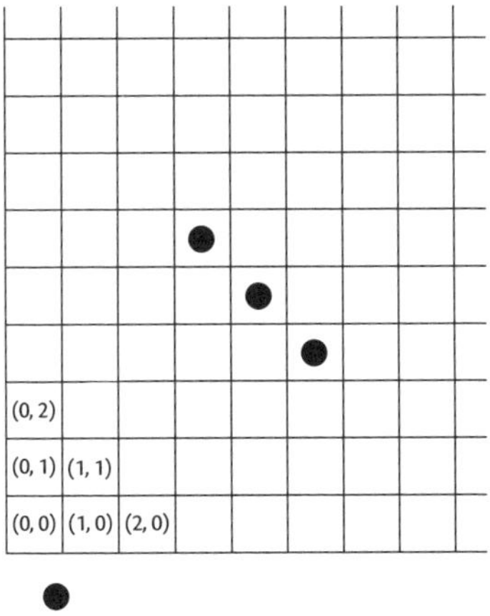

Le jeu suivant est un peu plus délicat à résoudre, mais les explications du texte donnent les éléments nécessaires. Considérez-le comme un test pour évaluer votre compréhension des *nimbers*... et du reste du chapitre.

On se donne un damier infini recouvrant le quart du plan vers la droite et vers le haut. La case en bas à gauche est la case (0, 0), celle à sa droite est la case (1, 0), puis à sa droite (2, 0), etc. La ligne au-dessus a ses cases numérotées (0, 1), (1, 1), (2, 1), etc.

Au départ du jeu, il y a 4 pions. L'un est placé en (3, 5), un autre en (4, 4), un autre en (5, 3). Le quatrième n'est pas placé sur le damier infini.

Quand un joueur doit jouer, il déplace un pion selon la règle suivante:

S'il choisit de déplacer le pion qui n'est pas posé sur le damier, il peut le poser où il veut. S'il déplace un pion du damier, il peut

a) soit le laisser sur la même ligne et alors il doit le déplacer vers la gauche – par exemple de (5, 3) à (1, 3),

b) soit le changer de ligne et alors il doit le mettre sur une ligne plus basse, le choix de la colonne étant totalement libre – il passera par exemple de (5, 3) à (867, 1).

Tous les pions finissent par arriver en (0,0) où ils sont bloqués. Le joueur qui ne peut plus jouer parce que tous les pions sont arrivés en (0, 0) a perdu.

Faut-il commencer à jouer ? Si oui, que faut-il jouer ?

Solution

Ce jeu est équivalent au jeu avec des piles d'allumettes infinies présenté dans le texte. La position (n, m) pour un pion correspond à une pile dont le nombre d'allumettes est l'ordinal $m\omega + n$. Les règles de déplacement des pions se traduisent précisément comme le fait de passer d'un tas d'allumettes à un tas d'allumettes plus petit, c'est-à-dire passer d'un ordinal à un ordinal plus petit. Le pion qui au départ n'est pas sur le damier correspond à la pile d'allumettes ω^2.
La position de départ est donc (avec les notations du texte) :

$$(\omega^2, 3\omega + 5, 4\omega + 4, 5\omega + 3)$$

C'est une position gagnante. Pour gagner il faut absolument jouer le coup :

$$(2\omega + 2, 3\omega + 5, 4\omega + 4, 5\omega + 3)$$

c'est-à-dire prendre le pion qui est à l'extérieur du damier et le poser sur la case (2, 2).
Une fois ce coup joué, la position sera telle que la Nim-addition des coefficients de ω sera nulle (la Nim-addition de 2, 3, 4 et 5 vaut 0), de même que la Nim-addition des coefficients entiers (2, 5, 4, 3). Quoi que fasse l'adversaire, il sera possible de répliquer en le remettant dans une position de ce type, et cela jusqu'à pouvoir prendre la dernière allumette, ce qui ici signifie placer le dernier pion dans la case (0, 0) où les autres pions sont déjà arrivés.

Nimber infini

Ce que nous venons d'expliquer pour les jeux impartiaux finis s'adapte aux jeux impartiaux infinis à la condition de généraliser la notion de *nimber* et d'accepter que n'importe quel nombre ordinal – et non plus n'importe quel entier – soit un *nimber*. L'opération *mex* qu'on étend immédiatement aux ordinaux donne alors la méthode pour attribuer un *nimber* (fini ou infini) à chaque position d'un jeu impartial infini. L'opération d'addition que nous avons définie (partiellement) pour les ordinaux donne de son côté la méthode pour traiter les jeux impartiaux infinis simultanés.

On recommande aux enfants de ne pas jouer avec des allumettes. Pour les mathématiciens, on le voit, le conseil inverse s'impose...

Chapitre 3

Jeux sociaux et économiques

C'est prouvé : certains sont prêts à payer pour ennuyer leur voisin

RÉSUMÉ. Les agents sociaux et économiques jouent entre eux un jeu complexe. On admet le plus souvent qu'ils se comportent rationnellement et cherchent à maximiser leurs profits. Pourtant, de récentes expériences conduisent à douter de l'exactitude de telles hypothèses.

Est-il rationnel de croire que les gens sont rationnels ?

En faisant nos courses ou en bavardant avec nos collègues, nous jouons à des jeux finis – car seul un nombre fini d'humains y participent –, mais dont la durée est potentiellement infinie – car la fin de partie n'est pas fixée. L'étude de ces jeux pose de redoutables problèmes et conduit à l'idée que l'esprit humain est animé par des motivations parfois compliquées et inattendues. En effet, certains comportements observés lors d'expérimentations réalisées avec des volontaires ne trouvent que difficilement des explications logiques. Cette irrationalité apparente est gênante en économie où le plus souvent les théoriciens supposent que les agents défendent sans faillir leur intérêt individuel en adoptant les comportements qui les servent au mieux. *L'Homo economicus* supposé des modèles généraux semble devoir dans bien des cas laisser sa place à un *Homo egualis* soucieux d'équité... même à ses dépens. Le *jeu de l'ultimatum*, *les expériences d'interactions négatives* et les *concours de beauté*, chacun à leur façon, montrent cette complication insoupçonnée des raisons humaines qui sont finalement bien plus contournées que tout ce qu'on a pu imaginer.

Tout garder pour soi ?

Le *jeu de l'ultimatum* fait apparaître des influences sociales dans les choix que nous faisons même lorsque seule la pure logique devrait intervenir : ce ne sont ni le raisonnement ni des motivations inconscientes innées qui dans ce jeu guident nos décisions, mais une conception socialement constituée de ce qui est équitable et de ce qui ne l'est pas.

Imaginez qu'on vous confie une somme d'argent non négligeable – disons 1 000 euros – et que vous deviez jouer avec une personne anonyme prise au hasard dans la rue au jeu suivant, le *jeu de l'ultimatum.*

Vous êtes l'*offreur* : vous devez proposer une partie des 1 000 euros à l'autre personne que nous nommerons le *répondeur.* La somme proposée doit être un nombre entier d'euros, par exemple 50 euros. Le répondeur, qui connaît la somme dont vous disposez et celle que vous lui offrez, a ensuite le choix entre *accepter* ou *refuser* votre offre. S'il l'accepte, il emporte la somme proposée et vous gardez le reste. Dans notre exemple, il emporte 50 euros et vous 950 euros. S'il refuse, il n'aura rien et vous n'aurez rien non plus. On ne vous laisse pas la possibilité de discuter avec le répondeur ; votre proposition est unique et définitive, de même que sa réponse ; on vous prévient que vous resterez inconnu du répondeur comme il le sera de vous et qu'il n'y aura pas de seconde partie.

Le raisonnement logique que vous devez faire pour traiter une telle situation est élémentaire et imparable. Le répondeur, quelle que soit la somme que vous lui réservez, pourvu qu'elle ne soit pas nulle, doit accepter, car il a le choix entre cette somme ou rien. Il lui est inutile de chercher à vous intimider en refusant une première fois, car il n'y aura pas de seconde fois. Ni sa réputation, ni la vôtre n'entrent en ligne de compte, puisque vous agissez tous deux de manière anonyme. La conclusion en découle : vous devez garder 999 euros pour vous et lui proposer 1 euro, qu'il acceptera car c'est mieux que rien.

Pourtant, êtes-vous vraiment sûr que c'est ainsi que vous joueriez ? Et si l'on inversait les rôles, accepteriez-vous 1 euro ?

Non, vous le sentez bien. La logique de la maximisation du gain, malgré l'anonymat et la règle qui vous dit que vous ne rejouerez pas, n'intervient pas seule dans les décisions prises par les joueurs d'une partie du *jeu de l'ultimatum*.

Cohérence dans les sociétés industrielles

Depuis les premières études du *jeu de l'ultimatum*, menées en 1982 par Werner Güth, Rolf Schmittberger et Berndt Schwatze, de nombreux économistes et théoriciens des jeux ont mis en place des expérimentations en prenant leurs étudiants comme sujets. Le jeu est organisé avec du véritable argent que les étudiants emportent à l'issue des séances. Notons qu'on pourrait s'étonner que des universités et des centres de recherche financent de tels travaux et donnent donc l'argent qui se retrouve au final dans la poche des étudiants. Pourtant, est-ce vraiment plus absurde que de subventionner des chercheurs pour qu'ils achètent des tubes à essais, des ordinateurs ou des livres ?

Comme nous le pressentions, les résultats obtenus lors de ces expérimentations sont très éloignés de ce que l'analyse logique pure suggère. Les propositions des offreurs valent en moyenne 44 % de la somme à partager (soit 440 euros) et très fréquents sont les cas où l'offre faite est de 50 % de la somme à partager (ce qui donne 500 euros à l'offreur et au répondeur). On est loin du partage 999 euros-1 euro.

Du côté des répondeurs, les offres inférieures à 20 % de la somme à partager sont refusées dans à peu près la moitié des cas. Dans tous les pays industrialisés où ces expériences ont été menées avec des enjeux véritables, les mêmes résultats, approximativement, ont été obtenus. Cela suggère que les comportements observés d'offre et de réponse sont déterminés par des principes constants chez tous les humains, principes qu'il serait intéressant de comprendre plus en détail.

Le fait que les répondeurs refusent certaines sommes est, sur un plan logique, impossible à justifier : l'argent qu'ils refusent est perdu une fois pour toutes. Pourtant, ceux qui refusent une offre, lorsqu'on les interroge pour s'assurer qu'ils ont bien compris le jeu, n'admettent pas avoir commis d'erreur. Ils ne regrettent pas leur choix qu'ils justifient en disant qu'en refusant l'offre ils poursuivent un autre objectif que de maximiser leurs gains. Ils évoquent par exemple l'idée qu'ils ont voulu punir l'offreur qui avait fait une proposition trop basse.

Le comportement observé chez les joueurs offreurs, en revanche, peut s'expliquer assez simplement sur la base suivante. Sachant qu'en face de soi il y a des gens qui – même si c'est absurde – refuseront certaines offres et en admettant connue la répartition de leurs comportements (par exemple : 50 % refusent les offres en dessous de 20 % ; 60 % refusent les offres en dessous de 10 %, etc.), on peut déterminer par le calcul un comportement optimal. Ce comportement fera en moyenne le meilleur compromis possible entre prendre des risques de refus et faire des offres inutilement élevées. Autrement dit, les offreurs, s'ils formulent et acceptent une hypothèse sur la répartition des comportements des répondeurs, peuvent en déduire un comportement rationnellement défendable. Il se trouve que, dans les expériences réalisées en pays industrialisés, les offreurs se comportent à peu près conformément à cette logique… consistant à considérer que le joueur répondeur n'est pas rationnel !

Tout se passe donc dans ce jeu comme si les joueurs répondeurs – qui eux, indiscutablement, ne choisissent pas de défendre leur intérêt immédiat – se sacrifiaient pour qu'une certaine norme morale conduisant à un partage différent du partage rationnel (999 euros-1 euro) soit respectée. Ce comportement de sacrifice pour que s'imposent des répartitions mieux équilibrées entre offreurs et répondeurs serait instinctivement connu des joueurs offreurs qui, appliquant alors une logique de maximisation statistique de leurs profits conforme aux hypothèses des économistes, ajusteraient leurs offres.

Les expériences sur le *jeu de l'ultimatum* constituent des preuves qu'en nous se trouve une propension morale au partage, ainsi que le désir – même lorsque cela nous coûte – de punir ceux qui ne s'y conforment pas. Nous ne sommes pas seulement un *Homo economicus* froidement égoïste et rationnel, mais aussi un *Homo egualis* soucieux d'équité et prêt à jouer le gendarme, à nos frais, pour que s'impose l'idée que nous avons de l'équité.

Une question reste posée : cette propension morale a-t-elle une origine biologique – comme on l'admet par exemple pour l'instinct maternel – ou sociale – résultant d'un apprentissage ?

Un argument en faveur de l'hypothèse d'une origine sociale a été fourni par un collectif d'anthropologues composé de Joseph Henrich, Robert Boyd, Samuel Bowles, Colin Camerer, Ernst Fehr, Herbert Gintis et Richard McElreath. Ces chercheurs ont fait jouer au *jeu de l'ultimatum* quinze petits groupes humains n'appartenant pas à nos sociétés industrielles. Les résultats obtenus indiqués dans l'encadré 3.1 sont inattendus et riches d'informations.

ENCADRÉ 3.1

Le *jeu de l'ultimatum* autour du monde

Il y a deux joueurs : l'offreur et le répondeur. L'offreur dispose d'une somme X et en propose une partie (par exemple 30 %) au répondeur. S'il accepte, celui-ci emporte la somme offerte (30 %) et l'offreur garde le reste (70 %). Si le répondeur refuse, aucune somme n'est distribuée. Dans les sociétés industrielles, l'offreur propose en moyenne 44 % de la somme mise à sa disposition ; généralement les répondeurs acceptent l'offre sauf si le pourcentage proposé est trop faible. On constate environ 50 % de refus si le pourcentage proposé est inférieur à 20 %. Un même comportement moyen – pour l'offreur et pour le répondeur – s'observe partout, à peu de chose près, dans le monde industriel.
En revanche, dans les sociétés non industrialisées, une grande variété de comportements moyens a été observée.

Famille machiguenga sur la rivière Tambopata

Résultats

Groupe	*Pays*	*offre moyenne*	*% de refus pour l'offre de 20 %*
Machiguenga	Pérou	0,26	10
Hadza (petit campement)	Tanzanie	0,27	31
Tsimané	Bolivie	0,37	0
Quichua	Équateur	0,27	50
Hadza (tous les campements)	Tanzanie	0,33	42
Torguud	Mongolie	0,35	0
Khazax	Mongolie	0,36	?
Mapuche	Chili	0,34	20
Au	Papouasie-Nouvelle-Guinée	0,43	100
Gnau	Papouasie-Nouvelle-Guinée	0,38	8
Hadza (gros campement)	Tanzanie	0,40	80
Sangu (fermier)	Tanzanie	0,41	100
Autochtone	Zimbabwe	0,41	40
Achuar	Équateur	0,42	0
Sangu (tribu)	Tanzanie	0,42	100
Orma	Kenya	0,44	?
Immigré	Zimbabwe	0,45	57
Ache	Paraguay	0,51	0
Lamelara	Indonésie	0,58	37

Données de Joseph Henrich, Robert Boyd, Samuel Bowles, Colin Camerer, Ernst Fehr, Herbert Gintis et Richard McElreath.

Groupes humains variés

Analysons les résultats de cette enquête internationale. D'abord, selon les groupes, et contrairement à ce qui se passe dans les sociétés industrielles, la moyenne des offres varie sensiblement, passant de 26 % pour certains groupes peu enclins au partage, à 58 % pour d'autres groupes où une générosité déconcertante semble régner. Il apparaît incompréhensible que chez les Lamelara d'Indonésie les offreurs proposent en moyenne 58 % de la somme à distribuer, c'est-à-dire réservent plus au répondeur qu'à eux-mêmes. La variation de la moyenne, quand on passe d'un groupe à un autre, indique que les comportements humains dans un tel jeu ne sont pas déterminés par des facteurs biologiques qui seraient propres à notre espèce, mais que ce sont plutôt des facteurs culturels, sociaux ou économiques qui nous font opter pour des offres généreuses ou non, et nous conduisent à refuser en deçà d'un certain seuil.

Chez les Achuar d'Équateur, les Torguud de Mongolie, les Tsimané de Bolivie ou les Ache du Paraguay, aucune offre si basse soit-elle n'a été refusée. Dans certains groupes, non seulement les offres basses conduisent à des refus, mais aussi les offres trop hautes, et par exemple chez les Au et les Gnau de Papouasie-Nouvelle-Guinée les offres au-dessus de 50 % sont rejetées. On note aussi que dans de nombreux groupes, contrairement à ce qui se passe dans les sociétés industrielles, les offres sont inutilement élevées, et ne sont donc pas rationnellement ajustées aux répartitions des refus.

Les larges variations de comportements entre groupes suggèrent que les préférences et les attentes sont modelées par des facteurs spécifiques aux groupes considérés, comme les normes sociales d'équité ou les institutions sociales. Des corrélations ont été notées entre les paramètres observés au *jeu de l'ultimatum* et le degré de coopération interne entre individus dans les groupes testés, la force des liens sociaux et des habitudes de partages et d'échanges dans la vie quotidienne. L'écart à la rationalité absolue, variable d'un groupe humain à un autre, serait donc fixé socialement et résulterait d'un apprentissage que chaque humain opérerait lui-même par le type et la nature des interactions qu'il expérimenterait au sein de son groupe.

Il ne faut peut-être pas s'étonner qu'on ait découvert que la notion d'équité s'apprend par l'expérience, et qu'elle varie donc d'un groupe social à un autre ; c'est cependant une chose remarquable que d'avoir mis au point des protocoles expérimentaux et d'avoir mené avec eux des observations reproductibles qui le démontrent et conduisent à mesurer avec une bonne précision ces *paramètres moraux* des groupes.

Comme le fait remarquer Herbert Gintis, pour comprendre les choix que font les humains, il faut renoncer à considérer qu'il n'y a en nous qu'un agent économique purement rationnel cherchant sans faiblir à optimiser son profit. Il faut aussi prendre en compte que nous sommes habités par un sujet social comparant ce qu'il a avec ce que possède son voisin et qui, lorsqu'il juge les partages trop inégaux, accepte de payer lui-même pour punir ceux qui refusent de se plier aux normes du groupe.

Payer pour faire mal

À côté des motivations ou habitudes sociales honorables mises en évidence par les expériences du *jeu de l'ultimatum*, d'autres expériences récentes ont dévoilé, à l'opposé, des aspects plutôt sombres de l'âme humaine.

Ces *expériences d'interactions négatives* entre joueurs prouvent à l'aide, là encore, de protocoles rigoureux qu'un grand nombre d'humains sont prêts à nuire à leurs voisins. Non seulement, ils le font si cela ne leur coûte rien et ne leur rapporte rien, mais, pire, ils le font même s'ils doivent payer de leur poche pour cela. Ce qui est démontré là, ce n'est plus seulement un désir honorable d'équité, mais quelque chose s'apparentant plutôt à la jalousie et au plaisir éprouvé à détruire les biens d'autrui.

L'expérience la plus frappante de ce type a été menée par Daniel Zizzo de l'université d'Oxford et Andrew Oswald de l'université de Warwick. Elle a consisté à réunir des groupes de quatre personnes (des étudiants le plus souvent) et, tout en préservant l'anonymat de chacun, à leur proposer un jeu se déroulant en trois phases.

1) Dans la première phase du jeu, chaque joueur se voit attribuer une somme d'argent – deux d'entre eux recevant un peu plus que les deux autres – et est invité à jouer avec cette somme à un jeu de hasard équitable qui est le suivant : chaque joueur mise – s'il le souhaite – X unités monétaires sur un numéro ayant une chance sur trois de sortir ; à l'issue du tirage, un gain de 2X est attribué en récompense à chaque pari gagnant, alors que la perte de la mise sanctionne les paris perdants.

2) Lors de la deuxième phase du protocole, les organisateurs attribuent des compléments d'argent : les joueurs qui avaient déjà été favorisés lors de la première phase le sont à nouveau. Au total, les deux joueurs favorisés reçoivent à peu près deux fois plus que les deux autres. Chacun des joueurs est informé des gains et pertes des autres joueurs, ainsi que des distributions – volontairement inéquitables – faites lors des phases 1 et 2 du jeu.

3) Dans une troisième et dernière phase du protocole, une possibilité de destruction de l'argent des autres joueurs est offerte. Chaque joueur, sans y être contraint ni même encouragé, peut, moyennant une somme plus ou moins élevée qu'il doit payer, annuler une part de l'argent des autres joueurs. Par exemple, moyennant un coût d'une unité monétaire, un joueur peut annuler 10 unités monétaires d'un autre joueur qu'il choisit librement. Les sommes qui restent à chacun des joueurs après cette troisième phase sont alors réellement distribuées aux sujets qui quittent séparément le laboratoire pour éviter de se rencontrer.

La logique de l'intérêt personnel conduit un joueur soucieux de ses gains à ne jamais intervenir sur les gains des autres joueurs, car cela diminue la somme d'argent qu'il emportera en sortant, sans rien lui donner de plus. Il serait donc rationnel de ne jamais utiliser l'opportunité des interactions négatives offertes lors de la troisième phase du jeu. Appauvrir un autre joueur, quelle que soit la façon – équitable ou non – dont il a accumulé ses gains, est parfaitement absurde… et méchant !

Pourtant, lors des expérimentations, 47,8 % de l'argent qui aurait pu être distribué a été annulé lors de la troisième phase des parties (ce qui a donc permis une économie substantielle et inespérée pour le laboratoire organisateur). La majorité des sujets, 62,5 %, s'est d'ailleurs adonnée au jeu d'annulation de l'argent d'autres joueurs.

Le coût payé par les joueurs pour annuler l'argent des autres a varié d'une expérience à l'autre. Dans certaines expériences, en dépensant une unité monétaire, les joueurs annulaient 50 unités monétaires d'un autre joueur, dans d'autres 20, dans d'autres 10 et enfin dans d'autres seulement 4. Les organisateurs étaient persuadés que dépenser une unité pour en annuler 4 serait jugé trop cher, et qu'à ce prix-là la méchanceté n'attirerait plus personne. C'était une erreur. À leur grande surprise, le pourcentage d'argent annulé n'a pas varié d'une manière significative quand le prix de l'annulation a varié. Tout se passe comme si les joueurs poursuivaient d'autres buts que gagner beaucoup d'argent et que, relativement indifférents aux coûts que cela avait pour eux, ils choisissaient d'agir sur les gains des autres à peu près de la même façon, quel qu'en soit le prix pour eux-mêmes !

L'étude détaillée des résultats montre que la somme d'argent que d'autres joueurs annulent dans vos gains est corrélée à votre richesse : plus vous avez accumulé d'argent dans les phases 1 et 2 du jeu, plus vous êtes victime des autres joueurs qui veulent diminuer vos gains, comme si les joueurs souhaitaient corriger les inégalités créées par les deux premières phases du jeu. Ces choix semblent exprimer une sorte de volonté *égalitariste*.

L'analyse des résultats a été plus loin encore, elle a montré que plus vous êtes pauvres, plus vous êtes égalitaristes, et surtout que moins vous avez bénéficié des avantages attribués inégalement sans justification compréhensible, plus vous êtes égalitaristes.

Que l'argent soit gagné par un jeu de hasard ou par des attributions arbitraires et injustifiées est pris en compte par les joueurs, qui annulent plutôt l'argent « injustement » gagné que celui gagné par la chance au jeu de la phase 1. L'argent gagné grâce au hasard est donc considéré comme plus légitime que l'argent tiré des distributions inégalitaires.

Notons aussi que les joueurs favorisés par les distributions inéquitables adoptent moins souvent un comportement égalitariste, mais qu'ils choisissent quand même d'annuler une partie de l'argent de certains autres joueurs. Leur but, semble-t-il, est une rétorsion anticipée. Ils sentent qu'ils vont être victimes des annulations provoquées par les joueurs moins riches et moins avantagés qui les jalousent, et attaquent leurs gains comme pour les punir par avance. On le voit, l'envie et le ressentiment ont été suscités par les protocoles expérimentaux, qui font ressortir les motivations peu honorables animant certains comportements humains.

Rappelons que la rationalité économique évidente dans un tel jeu consiste à ne pas participer à la phase 3, et c'est donc bien à leurs dépens que jouent tous ceux qui choisissent d'utiliser cette possibilité du jeu. L'*Homo egualis* mis en évidence au *jeu de l'ultimatum* est devenu ici sensible à sa position favorisée ou défavorisée. Son sens de l'équité dépend de la façon dont la chance et les distributions inégalitaires le servent. Selon que le sort le favorise ou non, l'irrationalité qui l'anime est plus ou moins sévère !

ENCADRÉ 3.2

Protocole de Zizzo et Oswald
La vie conçue comme un match de boxe

Il y a quatre joueurs. De l'argent est donné aux sujets de l'expérience qui le jouent, s'ils le souhaitent, à un jeu de hasard leur permettant de faire évoluer leur capital. De l'argent est donné une seconde fois après les jeux de hasard. À chaque distribution, deux joueurs, sans raison apparente, se voient attribuer des montants plus élevés. Au total, les deux joueurs favorisés reçoivent 1 800 unités monétaires, et les deux autres 1 000. Dans la phase finale du jeu, les joueurs, moyennant un coût d'une unité monétaire pour 50 (cas 1), ou d'une pour 20 (cas 2), ou d'une pour 10 (cas 3), ou d'une pour 4 (cas 4), peuvent annuler, s'ils le souhaitent, des unités monétaires appartenant à d'autres joueurs.

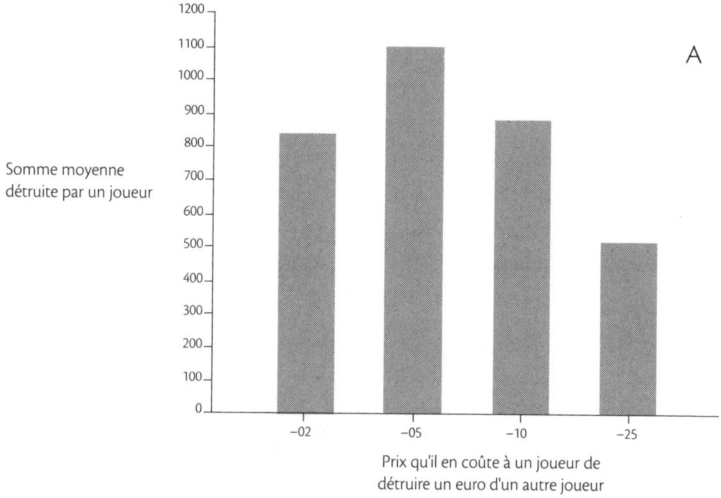

Somme moyenne détruite
par un joueur selon le coût des annulations.

Assez étrangement, ce pourcentage ne varie pas de manière significative en fonction des sommes demandées pour détruire l'argent des autres joueurs.

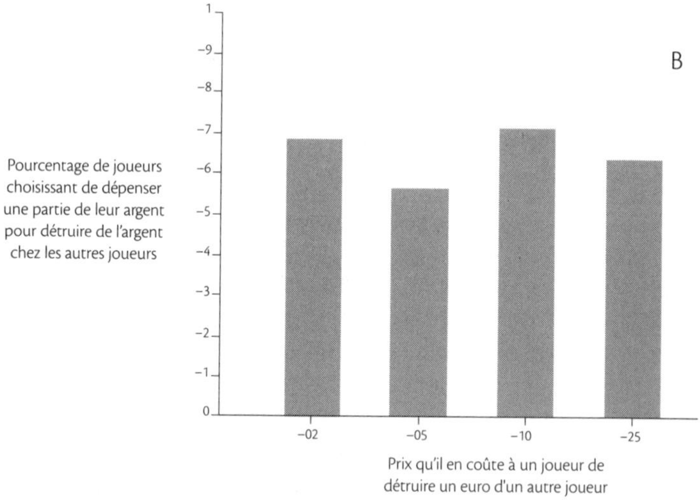

Pourcentage de joueurs ayant choisi de dépenser
une partie de leur argent pour détruire celui des autres joueurs.

L'augmentation du coût de la destruction ne dissuade pas les joueurs de détruire l'argent des autres. Lorsque le coût des destructions est plus élevé, les joueurs y consacrent donc une partie plus importante de leur capital.

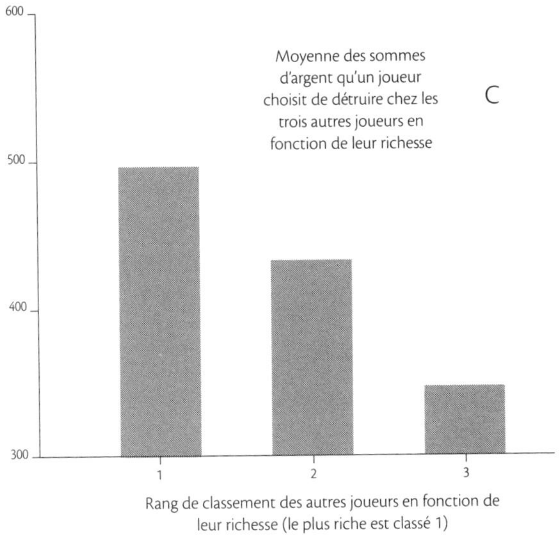

Sommes moyennes d'argent détruites
chez les autres joueurs en fonction de leur classement.

Le joueur visé en priorité par les destructions est le plus riche des trois autres joueurs. Celui le moins visé est le plus pauvre : une volonté égalitariste anime clairement les joueurs.

Lorsque la morale ou le sens de l'équité écartent les joueurs de la logique pure, nous ne sommes pas très surpris, car nos émotions et notre connaissance des comportements humains nous donnent une idée des processus mentaux en œuvre. Il se trouve que l'adoption de comportements illogiques se produit aussi dans des contextes où la morale et le ressentiment n'ont rien à voir. Le jeu du *concours de beauté* est un bel exemple d'une telle situation montrant à nouveau à quel point la rationalité réelle des agents économiques et sociaux est loin d'être une hypothèse évidente.

Les *concours de beauté*

Le jeu du *concours de beauté* est ainsi appelé à la suite de remarques formulées par le grand économiste John Meynard Keynes en 1936 au sujet des jeux que proposaient certains magazines illustrés.

On demandait aux lecteurs de classer par ordre de préférence les cinq plus belles photos d'une liste donnée dans les pages de la revue. Les gagnants étaient les personnes dont les choix correspondaient à la liste obtenue après le dépouillement des résultats de tous les participants.

À un tel jeu, selon la profondeur de votre analyse, vous raisonnez d'une manière plus ou moins directe. La méthode la plus naturelle, que nous nommerons *niveau 1*, vous conduit à choisir simplement les photos que vous aimez le plus. Conscient que ce n'est pas vraiment ce qui importe, vous jouerez peut-être au *niveau 2* en choisissant les photos dont vous considérez qu'elles ont le plus de chances d'être retenues par les autres lecteurs de la revue. Au *niveau 3* vous choisissez

John Meynard Keynes (1883-1946)

les photos dont vous croyez qu'elles seront choisies par un joueur réfléchissant au *niveau 2*. Etc.

Le sujet idéal du théoricien économiste, en l'absence de problème d'équité et de ressentiments, est supposé parfaitement rationnel, et donc son raisonnement doit avoir une profondeur sans limites. Qu'en est-il dans la réalité ? Une variante du jeu des photos permet de mener des expérimentations sur cette question. Voici cette variante qui, à cause de son origine, est appelée *concours de beauté*.

On réunit des gens – des étudiants, par exemple ! – et on leur fixe les règles suivantes :

– chaque joueur doit proposer un nombre entier entre 0 et 100 ;

– le gagnant sera celui qui proposera le nombre le plus proche de *la moitié de la moyenne des nombres proposés* par l'ensemble des joueurs (parfois on remplace « la moitié » par « les deux tiers » ou une autre proportion p : $p = 0{,}7$; $p = 0{,}8$; $p = 0{,}9$; etc.).

Ce jeu donne des indications sur la profondeur des raisonnements des joueurs ainsi que sur l'idée qu'ils ont de la profondeur du raisonnement des autres joueurs. Il semble sujet à une sorte de paradoxe. En effet, le raisonnement suivant est irréprochablement logique et conduit à choisir 0 (voir le dessin de l'encadré 3.3).

a) La moyenne des joueurs ne dépassera pas 100 ; donc, la moitié de la moyenne sera inférieure à 50 ; donc, personne ne choisira un nombre plus grand que 50.

b) Chaque joueur, sachant qu'il est absurde de proposer plus que 50, en déduira que la moyenne des propositions sera inférieure à 50 et, donc, que la moitié de la moyenne des propositions sera inférieure à 25. Personne ne proposera donc de valeur dépassant 25.

c) Chaque joueur, sachant qu'il est absurde de proposer plus que 25, en déduira qu'il faut proposer une valeur inférieure à 12,5. Etc.

d) Finalement, chaque joueur comprendra que la seule valeur raisonnable est 0. Ce sera donc la valeur proposée par tout le monde et c'est celle qu'il faut proposer.

ENCADRÉ 3.3

La moyenne est nulle

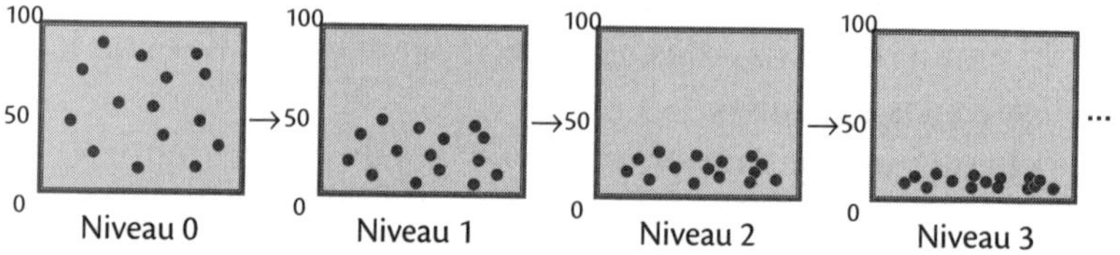

La moyenne de nombres compris entre 0 et 100 est comprise entre 0 et 100. Donc, la moitié d'une telle moyenne est comprise entre 0 et 50. La moyenne de nombres compris entre 0 et 50 est comprise entre 0 et 50. Donc, la moitié d'une telle moyenne est comprise entre 0 et 25. Etc.

Le raisonnement est simple et imparable. La logique élémentaire montre que tout le monde joue 0, ce qui signifie aussi que tout le monde gagne. Pourtant, dans la réalité, les expériences ne fonctionnent pas du tout de cette façon : contrairement à l'idée d'un *Homo economicus* impeccable logicien, les agents humains ne sont qu'imparfaitement rationnels.

Le raisonnement proposé ci-dessus suppose un pouvoir d'abstraction que pratiquement seuls les mathématiciens semblent capables de mettre en œuvre spontanément. Il suppose aussi que cette capacité est totalement partagée, or ce raisonnement est ignoré par la grande majorité des joueurs. Du coup, nombre de joueurs ne proposent pas la réponse 0, ce qui a pour conséquence que la moyenne obtenue n'est pas 0 et donc que ceux qui, en étant parfaitement rationnels, proposent 0 ont tort… Ce qui prouve qu'ils ne sont pas parfaitement rationnels !

Des expériences faites par Rosemarie Nagel montrent que, lors de parties successives du *concours de beauté* avec un même ensemble de joueurs (une vingtaine), à la première partie, la moyenne des propositions est d'environ 30 ; à la deuxième partie, la moyenne proposée est d'environ 18 ; puis à la troisième partie de 10. Ensuite, la moyenne continue de baisser pour atteindre rapidement 0. Tout se passe comme si les joueurs partant d'un niveau de raisonnement faible – entre 1 et 2 – découvraient progressivement le raisonnement infini indiqué ci-dessus, et finissaient par en accepter la conclusion sous la contrainte des parties jouées.

La rapidité de la convergence vers 0 lorsque le coefficient n'est pas $p = 1/2$ (on demande de prédire p fois la moyenne des nombres proposés) varie selon les conditions d'organisation du jeu. Elle est d'autant plus faible que p (entre 0 et 1) est élevé, ce qui montre que les joueurs déterminent leurs choix plus en ajustant leur proposition aux moyennes qu'ils constatent dans les parties jouées qu'en procédant réellement au raisonnement.

D'autres expérimentations menées par Teck Ho, Colin Camerer et Keith Weigelt ont fait apparaître que l'apprentissage se fait plus rapidement lorsque le groupe est important que lorsqu'il est réduit. Avec un groupe de 3 joueurs et un paramètre $p = 0{,}9$, au bout de dix parties la moyenne des propositions n'en est arrivée qu'à 40, alors qu'avec un groupe de 7 joueurs, elle en est à 20. On note aussi qu'un groupe de joueurs ayant déjà joué lors d'expériences précédentes converge plus rapidement qu'un groupe de novices, ce qui signifie qu'une certaine assimilation se produit dans l'esprit de ceux qui sont confrontés à de tels jeux.

L'*Homo complexicus*

En conclusion, la réalité montre que le sujet *en situation*, et en particulier le sujet que l'économiste doit modéliser quand il formule ses théories, n'est pas – comme l'usage l'a longtemps supposé – un parfait logicien conscient de son intérêt et ajustant au mieux ses actes en suivant les canons du raisonnement mathématique, mais qu'il est limité (la profondeur de son raisonnement est faible) et qu'il est soumis aux impératifs du désir d'équité, et parfois même à l'envie.

Disposant maintenant d'une meilleure compréhension de l'*Homo economicus* devenu *Homo complexicus*, ne doutons pas que la théorie économique va progresser... à moins que de nouvelles découvertes ne nous apprennent que la raison humaine et le comportement réel des sujets en situation sont encore plus tordus que ce que les récentes observations expérimentales ont découvert.

Terminons ce chapitre par un extrait d'un article de Joseph Henrich, Robert Boyd, Samuel Bowles, Colin Camerer, Ernst Fehr, Herbert Gintis et Richard McElreath qui résume assez bien la situation délicate où se trouvent la recherche en économie et la théorie des jeux quand il faut modéliser les comportements humains.

> « *Les observations et expérimentations récentes ont démontré que des écarts répétés et significatifs se produisent dans la réalité par rapport à ce que les manuels d'économie définissent comme l'agent économique standard. Le plus gros problème provient de l'hypothèse usuelle que les comportements des individus sont entièrement déterminés par la poursuite rationnelle de l'intérêt personnel. En réalité, en plus de leurs intérêts immédiats, de nombreux sujets expérimentaux semblent préoccupés par l'équité des gains et la réciprocité des échanges. Ils sont prêts à modifier les distributions de gains qu'ils jugent insatisfaisantes même si cela*

leur coûte personnellement. Ils souhaitent récompenser ceux qui adoptent un comportement coopératif; en même temps ils veulent pénaliser ceux qui se comportent de manière trop personnelle, et paient eux-mêmes pour ces corrections qui s'opposent à leur intérêt immédiat. Ces déviations relativement aux modèles admis classiquement ont des conséquences importantes pour de larges classes de problèmes économiques comme la conception optimale des institutions ou contrats, l'attribution des droits de propriété, l'analyse des conditions d'action collective, l'analyse des contrats incomplets ou implicites, la persistance des salaires non compétitifs.»

Chapitre 4

Des jeux pour l'infini colossal

Pour comprendre les grands ensembles, jouons !

RÉSUMÉ. L'infini de la théorie des ensembles est aujourd'hui encore imparfaitement compris. On sait cependant que pour mieux le cerner de nouveaux axiomes sont nécessaires. Assez étrangement, certains d'entre eux proviennent de la prise en considération de jeux infinis et des stratégies optimales dont un joueur dispose pour gagner. Ainsi la compréhension des infinis extrêmes de la théorie des ensembles passe par des jeux... infinis.

Des stratégies infiniment complexes

Voici 30 jetons : chacun des deux joueurs à tour de rôle enlèvera un, deux, trois ou quatre jetons ; celui qui prendra le dernier jeton gagnera. Comment faut-il jouer ?

On sait qu'un tel *jeu impartial* (« à information complète, sans hasard et sans partie nulle », voir le chapitre 2) possède une stratégie gagnante assurant à l'un des joueurs – celui qui commence ou l'autre – de gagner chaque partie. Le chapitre 2 décrit une méthode générale qui détermine cette stratégie ; elle consiste à dessiner le graphe du jeu et à calculer les *nimbers* des positions. Ici même, sans utiliser la recette générale, on découvrira facilement que la stratégie gagnante consiste à s'arranger pour laisser à son adversaire un nombre de pions divisible par 5. Puisque celui qui commence a un tel nombre de pions devant lui, il est certain de perdre si le second joueur joue correctement.

Pour les jeux finis à information complète, sans hasard et *avec parties nulles* (comme le jeu d'échecs ou les jeux de dames), on établit un résultat qui généralise le résultat précédent. On prouve que :

a) soit il existe, comme précédemment, une stratégie gagnante pour l'un des joueurs ;

b) soit chaque joueur est certain de pouvoir au moins faire partie nulle, et dans un tel cas si les deux joueurs jouent bien, toutes les parties sont nulles.

Pour le jeu d'échecs, cette stratégie optimale est complexe et reste inaccessible aux calculs des plus puissants réseaux d'ordinateurs, mais elle existe, c'est absolument certain. Pour le jeu des dames anglaises – qui se joue sur un tableau 8 × 8 –, une équipe de chercheurs canadiens a réussi, en 2007, à découvrir la méthode de jeu optimale. En revanche, pour le jeu des dames françaises – qui se joue sur un tableau 10 × 10 –, la méthode de jeu optimale reste inaccessible.

Même si cela paraît paradoxal, la complexité de ces stratégies optimales *finies* est bien supérieure à celle des stratégies optimales dans le cas de certains jeux *infinis* qui sont au cœur des développements récents de la théorie des ensembles.

On saura qui a gagné à la fin des temps

Voici l'un de ces jeux infinis à base d'ensembles. Considérons l'ensemble A des nombres réels constitués de 0 et de l'inverse des puissances de 2 :

$$A = \{0, 1, 1/2, 1/4, 1/8, 1/16, \ldots\}$$

• Le joueur I choisit un digit, « 0 » ou « 1 », imaginons que c'est « 1 », et commence à écrire le développement binaire d'un nombre réel :

0,1

En numération binaire, la notation 0,1 représente le nombre 1/2, et plus généralement 0,abcd... représente le nombre a/2 + b/4 + c/8 + d/16 + ...

• Le joueur II choisit un digit « 0 » ou « 1 », imaginons que c'est « 0 », et il l'accole aux digits précédents, ce qui donne ici :

0,10

• Le joueur I choisit à nouveau un digit qu'il place derrière ceux déjà écrits, etc.

Le but du joueur I est que le nombre obtenu à la fin de la partie – au bout d'un temps infini ! – soit un nombre de l'ensemble A. Le but du joueur II est que ce nombre ne soit pas dans A. Y a-t-il une façon de jouer pour l'un des joueurs (I ou II) qui lui assure la victoire ?

La réponse est oui : le joueur II possède une stratégie gagnante qui consiste à jouer régulièrement une fois sur deux le digit « 1 » et une fois sur deux le digit « 0 » en commençant par le « 1 ». Expliquons pourquoi.

Le nombre 1/2 possède deux développements binaires qui sont 0,1000... et 0,01111... C'est aussi le cas de tous les nombres de la forme $k/2^n$, k étant un entier. Les autres nombres réels ne possèdent qu'un seul développement binaire. Les développements binaires de 1/4 sont 0,01000... et 0,0011111..., ceux de 1/8 sont 0,001000... et 0,00011111..., etc. Aucun de ces développements ne contient un « 1 », puis plus loin un « 0 », puis plus loin un « 1 ». Dès son troisième coup, le joueur II est donc certain que le développement obtenu à l'infini sera celui d'un nombre n'appartenant pas à A et donc qu'il va gagner. Cette victoire est assurée quoi que tente son adversaire – et quoi que lui-même fasse ensuite. On peut jouer à des jeux dont l'issue n'est fixée qu'à l'infini, et l'on peut même concevoir des méthodes de jeu qui assurent de gagner.

Pour chaque ensemble A de nombres réels compris entre 0 et 1, on définit un jeu du même type. Pour certains ensembles A, on trouvera une stratégie gagnante assurant que le joueur I gagne, pour d'autres on trouvera une stratégie gagnante pour le joueur II.

Examinons quelques jeux de cette catégorie.

Jeu infini 2

• A = [1/8, 7/8] l'intervalle de tous les nombres réels r entre 1/8 et 7/8, autrement dit de tous les nombres r tels que : $1/8 \leq r \leq 7/8$.

Le joueur I possède une stratégie gagnante qui est : « jouer " 1 " puis " 0 ", puis n'importe quoi ».

En effet tout nombre dont le développement binaire est de la forme 0,1 ?0 ???... est compris entre 1/8 et 7/8. Le fait d'avoir un 1 juste après la virgule assure que $r \geq 1/8$. Le fait que le troisième chiffre binaire après la virgule soit 0 assure que $x \leq 1 - 1/8 = 7/8$.

Notons que, même si un ensemble A est infini non dénombrable (c'est le cas du jeu 2), cela n'interdit pas de faire l'analyse du jeu infini qui lui est associé : le raisonnement donne ici le contrôle de l'infini, même non dénombrable.

Jeu infini 3

• A = $\{r_1, r_2, \ldots, r_n\}$ un ensemble *fini* quelconque de nombres dans l'intervalle [0, 1] (par exemple A = $\{\pi/4, 1/e, 11/37\}$).

Le joueur II possède une stratégie gagnante. Celle-ci est un peu plus compliquée et, dans certains cas, elle demandera un grand nombre de coups pour aboutir. Cependant, comme chaque joueur dispose d'une infinité de coups, cela n'est pas grave.

La méthode de jeu gagnante pour II consiste à repérer un digit de r_1 de rang impair, i, et à jouer le complémentaire de ce digit lorsqu'il doit fixer le digit i, ce qui « évite » au résultat final d'être r_1. Si r_1 est un nombre de la forme $k/2^n$, k étant un entier, qui possède deux développements binaires, le joueur II « évitera » d'abord le premier développement, puis plus tard le second. Le joueur II évitera de même le nombre r_2 puis le nombre r_3, etc. Disposant d'un nombre infini de coups, le joueur II réussira (en au plus $2n$ coups) à éviter tous les éléments de A les uns après les autres, et donc il est certain de gagner.

Cette *méthode d'évitement* s'adapte à tout ensemble infini dénombrable. Rappelons qu'un ensemble est infini dénombrable s'il peut être *numéroté* par les nombres entiers (voir l'encadré 4.1 qui contient des explications sur cette notion). Notons que, pour un tel ensemble A, la stratégie gagnante du joueur II doit être appliquée jusqu'à l'infini. Le joueur II peut différer l'application de sa stratégie aussi longtemps qu'il veut, car il reste toujours une infinité de coups à jouer qui lui permettront d'éviter tous les nombres de A, mais pour gagner il faudra sans doute qu'il soit attentif une infinité de fois.

Jeu infini 4

A = ensemble des nombres dont le développement binaire ne comporte jamais trois « 0 » ou trois « 1 » consécutifs.

Il s'agit, comme pour le jeu 2, d'un ensemble infini ayant la puissance du continu, mais cette fois sa structure est infiniment découpée.

Le joueur I gagne en jouant n'importe quoi au premier coup, puis en jouant ensuite systématiquement l'inverse de ce que vient de jouer le joueur II. Cette méthode assure en effet que jamais trois digits consécutifs ne seront identiques et donc que le nombre obtenu à l'infini est bien dans A.

Nous pourrions multiplier les exemples et constater que, pour tout ensemble A pas trop *compliqué*, l'un des deux joueurs possède une stratégie gagnante. Lorsqu'il en est ainsi, on dit que le jeu *pour l'ensemble* A est *déterminé*, ou plus simplement que A *est déterminé*.

Précisons que seules sont envisagées des stratégies parfaitement déterministes, c'est-à-dire ne faisant pas intervenir le hasard.

Disposer d'une stratégie gagnante, c'est disposer d'une fonction S, qui pour tout début de développement binaire d'un nombre (par exemple 0,1101011) vous souffle ce que vous devez jouer : confronté aux décimales 0,1101011, si S(0,1101011) = 1 vous devez jouer « 1 », si S(0,1101011) = 0 vous devez jouer « 0 ». Trouver une stratégie gagnante équivaut donc à trouver une fonction.

ENCADRÉ 4.1

Ensemble dénombrable, hypothèse du continu

Un ensemble infini est *dénombrable* s'il peut être mis en correspondance terme à terme – on dit *bijective* – avec l'ensemble des entiers. L'ensemble des mots faisables avec les deux lettres « a » et « b » est dénombrable :

a	b	aa	ab	ba	bb	aaa	aab	aba	abb	baa	bab	bba	...
0	1	2	3	4	5	6	7	8	9	10	11	12	...

L'ensemble des nombres réels, noté $\mathbb{R}$, en revanche n'est pas dénombrable : c'est le fameux raisonnement diagonal de Cantor.

Georg Cantor (1845-1918)

Supposons que $\mathbb{R}$ soit dénombrable. Soit une liste de nombres réels $r_0, r_1, r_2, ..., r_n, ...$ supposée complète. On définit un nombre réel r qui possède comme décimale numéro k un chiffre différent de la décimale numéro k de r_k. De manière à éviter les problèmes avec les nombres possédant deux développements décimaux, on suppose qu'aucun des développements décimaux pris en compte pour les r_i ne se termine par une infinité de 9, et l'on introduit dans le développement que l'on construit pour r seulement des chiffres différents de 9. Par construction, le nombre réel ainsi construit n'appartient pas à la liste

$$r_0, r_1, r_2, ..., r_n, ...$$

La liste n'est donc pas complète : l'ensemble des nombres réels n'est donc pas dénombrable.

Un ensemble qui peut être mis en correspondance terme à terme avec l'ensemble des nombres réels est dit avoir la *puissance du continu*. L'*hypothèse du continu* (HC) est l'affirmation qu'il n'y a pas d'infinis intermédiaires entre *le dénombrable* et *le continu* :

HYPOTHÈSE DU CONTINU (HC) :
Tout sous-ensemble infini de $\mathbb{R}$
est *dénombrable* ou a la puissance du *continu*

Kurt Gödel (1906-1978)

Kurt Gödel et Paul Cohen ont démontré que si la théorie usuelle des ensembles est sans contradiction, alors y ajouter HC ou y ajouter non-HC (la négation de HC) n'introduit pas de contradiction. Ces résultats ne règlent cependant pas la question de l'hypothèse du continu en mathématiques. Celle-ci devient :
Existe-t-il des axiomes naturels qui, ajoutés à ceux de la théorie usuelle des ensembles, permettent de prouver HC – auquel cas on aurait de bonnes raisons de croire que HC est vraie –, ou qui permettent de prouver non-HC – auquel cas on aurait de bonnes raisons de croire que HC est fausse.

$$\aleph_0 < ? < 2^{\aleph_0}$$

$$\aleph_1 = 2^{\aleph_0} ?$$

Georg Cantor a proposé d'utiliser la notation $\aleph_0$ pour désigner le cardinal du dénombrable, c'est-à-dire le type d'infini des ensembles dénombrables. Le symbole $\aleph$, qui se lit *aleph*, est la première lettre de l'alphabet hébreu. Le fait que l'ensemble des suites infinies de 0 et de 1 – ou, ce qui revient au même, l'ensemble des nombres réels – possède la puissance du continu conduit à noter $2^{\aleph_0}$ le cardinal du continu. La question posée par l'hypothèse du continu qui est « Y a-t-il quelque chose entre ces deux types d'infinis ? » s'écrit donc simplement : « Existe-t-il quelque chose entre $\aleph_0$ et $2^{\aleph_0}$? » Georg Cantor a aussi montré qu'il existait nécessairement un plus petit cardinal non dénombrable qu'il a noté $\aleph_1$. La question posée par l'hypothèse du continu est donc : « Est-ce que $\aleph_1$ vaut $2^{\aleph_0}$? » Ou encore : « $\aleph_1 = 2^{\aleph_0}$? ».

L'école polonaise

Les jeux infinis et leurs stratégies gagnantes furent introduits par les mathématiciens polonais Stanislav Mazur (1905-1980) et Stefan Banach (1892-1945) dans les années 1930. Aujourd'hui, ces jeux intéressent les informaticiens car ils modélisent certaines interactions entre un système informatique et ses utilisateurs. Le système informatique tente de ne jamais tomber en panne et de répondre aux demandes des utilisateurs concernant l'accès aux ressources qu'il gère (imprimantes, Wifi, etc.). Le système informatique joue donc une sorte de partie infinie avec les utilisateurs qui, par maladresse ou malveillance, pourraient interrompre son fonctionnement. Par ailleurs, ceux-ci ne doivent pas attendre indéfiniment les accès aux ressources qu'ils sollicitent. Une stratégie gagnante pour le système assure donc qu'il n'y aura jamais de panne et que les utilisateurs seront correctement servis. Une stratégie gagnante pour les utilisateurs est la marque d'un point faible dans la sécurité.

Vus sous cet angle, les problèmes de jeux infinis sont donc très concrets. Pourtant, nous allons voir qu'ils conduisent aux confins de la théorie des ensembles en un lieu où les objets considérés sont si gros – « si infinis » – que leur existence en est douteuse… et même *indécidable* (en un sens bien précis qui va être expliqué).

Existe-t-il toujours une stratégie gagnante ?

Une question on ne peut plus naturelle se pose concernant les jeux infinis ensemblistes dont nous avons donné une série d'exemples.

Pour chaque ensemble donné A, existe-t-il une stratégie gagnante assurant que le joueur I ou le joueur II gagnera les parties menées avec A ? Autrement dit : « Tout ensemble A est-il *déterminé* ? »

Si la réponse est non, se pose alors la question : « Quels sont les ensembles *déterminés* ? »

La profondeur et la difficulté de ces questions à l'apparence élémentaire sont inattendues. Aujourd'hui, personne ne sait résoudre parfaitement ces énigmes, car elles sont liées aux aspects les plus mystérieux et les plus difficiles de la théorie axiomatique des ensembles et en particulier aux axiomes de grands cardinaux et à l'hypothèse du continu.

Les premiers résultats généraux datent de 1953 et sont dus à David Gale et Frank Stewart, qui démontrèrent que tout ensemble *ouvert* est *déterminé.*

Rappelons qu'un ensemble de nombres réels A est ouvert si, pour tout élément a de A, on peut trouver un petit intervalle ouvert $]a - e,\ a + e[$ (cette notation désigne l'ensemble des x tels que $a - e < x < a + e$) entièrement contenu dans A. En mots simples, un ensemble est ouvert si aucun de ses points n'est « sur son bord ». L'ensemble $\mathbb{R}$ tout entier est ouvert. Une réunion d'intervalles ouverts, par exemple $]1, 2[\cup]3, 4[$, est toujours ouvert. L'ensemble $\mathbb{R}$ auquel on enlève un nombre fini de points est ouvert.

Pour certains intervalles ouverts comme A =]0, 2/3[(tous les nombres réels x vérifiant $0 < x < 2/3$), le joueur I dispose d'une stratégie gagnante. Pour d'autres, comme A =]1/4, 3/4[, c'est le joueur II qui est assuré de gagner en jouant correctement.

Axiome du choix

Gale et Stewart démontrèrent aussi que penser que tout ensemble est *déterminé* est une grave erreur. En effet, cela conduit à une contradiction avec l'*axiome du choix*, qui affirme l'évidence que, « si vous disposez d'une famille d'ensembles non vides, alors il existe au moins un nouvel ensemble obtenu en *choisissant* un élément dans chacun des ensembles non vides de la famille ». Partant de {{a, b}, {1, 2, 3}, {D, E, F}, {100, 200}}, grâce à l'axiome du choix, vous tirerez par exemple l'ensemble {b, 1, E, 200}. Au début du XXe siècle, l'axiome du choix a donné lieu à de longues discussions car, contrairement à ce qu'on aurait souhaité, on ne réussissait pas à le démontrer à partir des autres axiomes de la théorie des ensembles (ce qu'on sait impossible maintenant). Aujourd'hui, les mathématiciens sont à peu près tous d'accord entre eux pour considérer que l'axiome du choix doit être accepté même s'ils jugent – à cause de son aspect non constructif (dans le cas d'ensembles infinis, il permet de prouver l'existence d'ensembles sans donner les moyens de les construire) – qu'il est important d'avoir conscience des démonstrations qui en font usage.

On envisagea un moment d'adopter l'axiome de *détermination complète*, DC, qui affirme que « tout ensemble est déterminé » quitte à renoncer à l'axiome du choix. L'idée alors défendue était qu'il est naturel de soutenir que tout ensemble est déterminé – c'est-à-dire qu'il existe une stratégie gagnante pour tout ensemble A de nombres réels pris dans l'intervalle [0,1] – par analogie avec le cas fini. Plus précisément, Jan Mycielski et Hugo Steinhaus (1887-1972) en 1962 argumentaient de la façon suivante.

– Supposons que les deux joueurs soient infiniment intelligents et qu'ils connaissent parfaitement bien l'ensemble A, alors le résultat du jeu ne peut pas dépendre du hasard – il n'y en a nulle part dans les données et dans le jeu – et donc, puisqu'une partie ne peut jamais être nulle, l'un des deux joueurs dispose d'une stratégie gagnante.

– Entre deux énoncés naturels qui se contredisent, ici DC et l'axiome du choix, nous pouvons retenir celui qui nous arrange le mieux, et donc DC si nous y trouvons un intérêt.

Cependant, cette défense de DC est aujourd'hui jugée insatisfaisante car on préfère garder l'axiome du choix, plus profondément ancré dans l'intuition, et n'envisager que des versions partielles de l'axiome de détermination, c'est-à-dire des versions affirmant que tout ensemble A d'une certaine catégorie – à choisir – est déterminé. Pour définir les catégories d'ensembles pour lesquelles une forme d'axiome de détermination est acceptable, il est utile de faire un peu de topologie.

Un peu de topologie

Intéressons-nous aux sous-ensembles de $\mathbb{R}$ et essayons d'identifier ceux qu'il est raisonnable de considérer *déterminés.*

En simplifiant grossièrement, les sous-ensembles de $\mathbb{R}$ se classent selon leur *complexité topologique* en quatre catégories.

a) les *ouverts* ;

b) les *boréliens* ;

c) les *projectifs* ;

d) et ceux qui ne sont *pas projectifs.*

L'encadré 4.2 explique cette classification.

ENCADRÉ 4.2

Ouverts, fermés, boréliens, projectifs

L'intervalle *fermé* $[a, b]$ est l'ensemble de tous les points x qui vérifient $a \leq x \leq b$ (remarquer que a et b sont dans $[a, b]$).
L'intervalle *ouvert* $]a, b[$ est l'ensemble de tous les points x qui vérifient $a < x < b$ (remarquer que a et b ne sont pas dans $]a, b[$).
Un ensemble *ouvert* est un ensemble E dont aucun point n'est au bord, c'est-à-dire tel que si x est dans E alors un intervalle autour de x est totalement dans E. Un *intervalle ouvert* est un *ouvert.* Une réunion (finie ou infinie) d'*ouverts* est un *ouvert.*
Ce n'est pas le cas pour les intersections. L'intersection de la famille dénombrable d'intervalles *ouverts* :

$$]1/3 - 1/n, 2/3 + 1/n[$$

est l'intervalle *fermé* $[1/3, 2/3]$.
Notons aussi que la réunion de la famille dénombrable d'intervalles *fermés*

$$[1/n, 1 - 1/n]$$

est l'intervalle *ouvert* $]0, 1[$.

Émile Borel (1871-1956)

Un sous-ensemble de $\mathbb{R}$ est dit *borélien* (du nom du mathématicien français Émile Borel) si on peut l'obtenir à partir d'intervalles *ouverts*, en faisant une ou plusieurs fois des opérations de réunion dénombrable ou d'intersection dénombrable comme dans les exemples précédents. Tous les sous-ensembles de $\mathbb{R}$ qu'on est amené à considérer en mathématiques élémentaires sont *boréliens*.
On démontre que l'hypothèse du continu est vraie pour les *boréliens*, ce qui signifie précisément :

Tout sous-ensemble *borélien* infini de $\mathbb{R}$
est dénombrable,
ou a la puissance du continu.

Si f est une fonction continue de $\mathbb{R}$ dans $\mathbb{R}$, on appelle projection de l'ensemble A par f l'ensemble f(A) des points $f(a)$ où a est un élément de A.
Un sous-ensemble de $\mathbb{R}$ est dit *projectif* si on peut l'obtenir à partir d'un ensemble *borélien* par une ou plusieurs opérations de passage au complémentaire et de projection par une application continue.

Le passage de la preuve que « tous les *ouverts* sont déterminés » (David Gale et Frank Stewart, 1953) à la preuve que « tous les *boréliens* sont déterminés » nécessita vingt ans de travail et aboutit en 1975 grâce au logicien américain Donald Martin. En revanche, l'étape suivante, qui aurait été de montrer que *tout ensemble projectif est déterminé* (cette affirmation s'appelle la *détermination projective* et nous la noterons DP), ne fut jamais franchie.

C'était en réalité impossible, comme on le comprit en montrant que les axiomes usuels de la théorie des ensembles, s'ils sont sans contradiction, ne démontreront jamais DP. De telles preuves d'inexistence d'une démonstration sont devenues courantes dans les années 1960 grâce à la technique dite du «*forcing*», mise au point par Paul Cohen à propos de l'hypothèse du continu et de l'axiome du choix (dont il prouva qu'on ne pouvait les démontrer à partir des axiomes usuels de la théorie des ensembles).

Pour certains ensembles A, savoir si le jeu infini associé à A possède une stratégie gagnante est donc *indécidable* dans la théorie usuelle des ensembles : celle-ci ne démontrera ni que A est déterminé, ni que A ne l'est pas, car elle ne précise rien sur cette question, elle est incomplète. Ce résultat est décevant et étonnant, mais il est simplement la manifestation d'un manque d'axiomes de la théorie usuelle des ensembles – son incomplétude –, manque que justement il faut tenter de combler.

Cependant DP est une affirmation tellement tentante qu'on ne pouvait l'abandonner. On en explora donc les conséquences qui se révélèrent particulièrement fécondes. On découvrit que DP permettait de développer une théorie harmonieuse des sous-ensembles de $\mathbb{R}$, et qu'en particulier DP permettait de montrer que tout ensemble projectif est *mesurable au sens de Lebesgue*, c'est-à-dire peut se voir attribuer une longueur.

Certaines questions habituellement irrésolues, ou même montrées indécidables dans le cadre limité des axiomes classiques de la théorie des ensembles, trouvent des réponses grâce à DP. De plus, ces réponses sont sympathiques parce que ce sont des extensions naturelles de résultats connus, ou parce qu'elles dessinent un tableau général régulier des propriétés des sous-ensembles de nombres réels.

Parfois aussi, les démonstrations que permet l'axiome de détermination projective, DP, sont plus directes et plus naturelles que d'autres démonstrations connues. Pour Donald Martin :

> «*Bien que l'axiome de détermination projective, DP, ne puisse pas être prouvé à partir des axiomes usuels de la théorie des ensembles, il conduit à une théorie élégante et essentiellement complète des ensembles projectifs, et donc il n'est pas déraisonnable qu'il soit vrai. Je considère*

DP comme une hypothèse ayant un statut analogue à une hypothèse théorique en physique, mais les conséquences de DP sont si harmonieuses et riches que pour moi elles constituent une preuve quasi empirique de DP.»

Un axiome naturel à ajouter

Il devint donc naturel d'envisager d'ajouter l'axiome de détermination projective, DP, aux autres axiomes de la théorie des ensembles de Zermelo-Fraenkel et l'axiome du choix, notée ZFC.

Remarquons l'étrangeté de la situation : les mathématiciens ne réussissent pas à prouver une propriété et établissent même qu'elle n'est pas prouvable avec les axiomes admis usuellement; constatant qu'elle a des conséquences agréables, ils proposent alors de la considérer vraie (c'est-à-dire d'en faire un nouvel axiome).

Les mathématiciens ne proposent habituellement que des axiomes vrais *a priori* – évidents par eux-mêmes –, ici c'est *a posteriori* – après l'étude de ses conséquences – qu'ils jugent DP vraie et souhaitent l'adopter en tant qu'axiome.

Une des conséquences agréables de DP est qu'elle permet de traiter partiellement l'hypothèse du continu. Pour l'expliquer et montrer l'intérêt de cette recherche de nouveaux axiomes, nous devons donc revenir sur l'hypothèse du continu.

ENCADRÉ 4.3

Indépendance relative

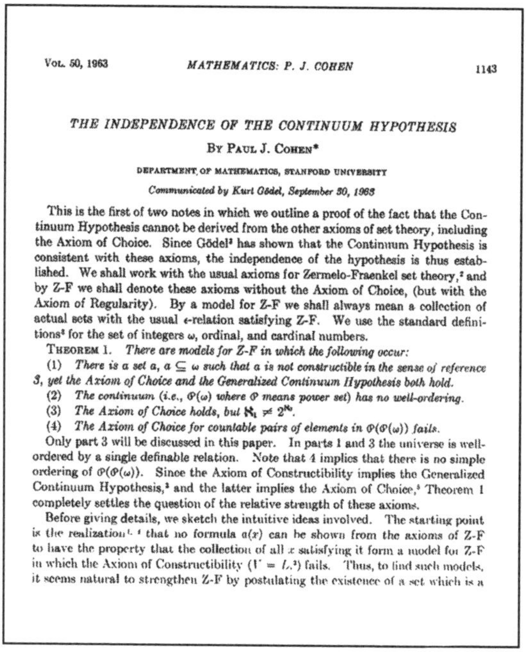

VOL. 50, 1963 MATHEMATICS: P. J. COHEN 1143

THE INDEPENDENCE OF THE CONTINUUM HYPOTHESIS

BY PAUL J. COHEN*

DEPARTMENT OF MATHEMATICS, STANFORD UNIVERSITY

Communicated by Kurt Gödel, September 30, 1963

This is the first of two notes in which we outline a proof of the fact that the Continuum Hypothesis cannot be derived from the other axioms of set theory, including the Axiom of Choice. Since Gödel[3] has shown that the Continuum Hypothesis is consistent with these axioms, the independence of the hypothesis is thus established. We shall work with the usual axioms for Zermelo-Fraenkel set theory,[2] and by Z-F we shall denote these axioms without the Axiom of Choice, (but with the Axiom of Regularity). By a model for Z-F we shall always mean a collection of actual sets with the usual ϵ-relation satisfying Z-F. We use the standard definitions[3] for the set of integers ω, ordinal, and cardinal numbers.

THEOREM 1. *There are models for Z-F in which the following occur:*

(1) *There is a set a, $a \subseteq \omega$ such that a is not constructible in the sense of reference 3, yet the Axiom of Choice and the Generalized Continuum Hypothesis both hold.*

(2) *The continuum (i.e., $\mathcal{P}(\omega)$ where $\mathcal{P}$ means power set) has no well-ordering.*

(3) *The Axiom of Choice holds, but $\aleph_1 \neq 2^{\aleph_0}$.*

(4) *The Axiom of Choice for countable pairs of elements in $\mathcal{P}(\mathcal{P}(\omega))$ fails.*

Only part 3 will be discussed in this paper. In parts 1 and 3 the universe is well-ordered by a single definable relation. Note that 4 implies that there is no simple ordering of $\mathcal{P}(\mathcal{P}(\omega))$. Since the Axiom of Constructibility implies the Generalized Continuum Hypothesis,[3] and the latter implies the Axiom of Choice,[5] Theorem 1 completely settles the question of the relative strength of these axioms.

Before giving details, we sketch the intuitive ideas involved. The starting point is the realization[1, 4] that no formula $a(x)$ can be shown from the axioms of Z-F to have the property that the collection of all x satisfying it form a model for Z-F in which the Axiom of Constructibility ($V = L$,[3]) fails. Thus, to find such models, it seems natural to strengthen Z-F by postulating the existence of a set which is a

Ceci est la première page de l'article de Paul Cohen (présenté par Kurt Gödel) où, en 1963, il démontrait que l'hypothèse du continu est indépendante des autres axiomes de la théorie usuelle des ensembles. Plus précisément, Cohen établissait qu'avec des axiomes de la théorie des ensembles de Zermelo-Fraenkel et l'axiome du choix, il est impossible de déduire l'hypothèse du continu si ces axiomes sont non contradictoires. Ce résultat, qui complétait un résultat plus ancien de Kurt Gödel (établissant qu'il est impossible de déduire des mêmes axiomes la négation de l'hypothèse du continu), permet d'affirmer que, pour savoir ce qu'il en est de l'hypothèse du continu, de nouveaux axiomes sont nécessaires. La méthode utilisée par Paul Cohen – le *forcing* – est devenue depuis un outil central de la théorie des ensembles.

L'hypothèse du continu de Cantor ?

L'hypothèse du continu – qui fut proposée par Cantor en 1878 et contribua à lui faire perdre l'esprit – affirme que tout sous-ensemble de $\mathbb{R}$ infini est ou bien *dénombrable* ou bien a *la puissance du continu*. Énoncée plus simplement encore, l'hypothèse du continu affirme qu'il n'y a que deux sortes de sous-ensembles infinis de $\mathbb{R}$: ceux qu'on peut mettre en correspondance terme à terme avec les entiers, et ceux qu'on peut mettre en correspondance terme à terme avec $\mathbb{R}$ tout entier.

Kurt Gödel et Paul Cohen ont démontré que cette affirmation générale est indépendante des autres axiomes de la théorie des ensembles. Plus précisément, Gödel montra qu'on n'introduit pas de contradiction en ajoutant l'hypothèse du continu aux axiomes de ZFC, et Cohen qu'on n'introduit pas de contradiction si l'on ajoute la négation de l'hypothèse du continu à ZFC. On sait aussi qu'elle n'a aucune conséquence en arithmétique : ce qui peut se démontrer concernant les entiers avec l'hypothèse du continu se démontre aussi sans l'utiliser.

Il y a parfois un malentendu sur ce qu'on doit conclure des résultats de Gödel et Cohen : certains interprètent cette indépendance de l'hypothèse du continu en disant que le mathématicien peut, selon ses goûts ou son humeur, ajouter aux axiomes usuels des ensembles l'hypothèse du continu ou sa négation. Cela n'est vrai que si on considère que, derrière les ensembles, il n'y a aucune réalité et que tout en mathématiques n'est que manipulations symboliques dénuées de sens, ce qui est la position dite *formaliste* en philosophie des mathématiques (soutenue par Cohen par exemple).

Cependant, si, comme Gödel, on pense qu'il y a *un monde des ensembles* et que notre but doit être, comme en physique, de comprendre la réalité de ce monde et d'en faire la théorie, alors les résultats d'indépendance de l'hypothèse du continu ne signifient pas qu'on a la liberté de choisir arbitrairement ce qui nous plaît le mieux. Ils signifient qu'il faut chercher à compléter les axiomes de la théorie des ensembles, jusqu'à ce qu'on puisse résoudre la question de l'hypothèse du continu. Pour Gödel, nous devons chercher à approfondir notre connaissance des ensembles en ajoutant de nouvelles lois comme en physique nous cherchons toujours de nouvelles lois pour améliorer notre description du monde physique.

Le formaliste réagit généralement à la doctrine réaliste en demandant: « Mais sur quels critères peut-on juger qu'il est souhaitable d'ajouter tel axiome plutôt que sa négation, lorsque l'on sait que ni l'un ni l'autre ne donneront de contradictions comme cela se produit pour l'hypothèse du continu ? » Le réaliste répond : « Il faut faire comme d'habitude ! Nous devons choisir nos nouveaux axiomes en nous basant sur leur évidence *a priori*, sur leur fécondité, et pourquoi pas sur la simplicité et l'harmonie du monde qu'ils font entrevoir. »

Concernant l'hypothèse du continu, on n'a malheureusement pas de raison *a priori* d'y croire ou de la rejeter. Notons que pour l'axiome du choix au contraire, comme c'était évoqué plus haut, les mathématiciens s'accordent pour le considérer comme vrai *a priori,* car ce qu'il dit est une évidence pour qui a une idée claire de la notion d'ensemble. Pour l'hypothèse du continu, les logiciens sont partagés sur ce qui est naturel et harmonieux à son sujet. Les critères *a priori* ne sont d'aucune aide, semble-t-il, et, en tout cas, ne conduisent à aucune unanimité aujourd'hui.

Pour ce qui est de la fécondité et de l'harmonie, on l'a vu, l'axiome DP de détermination projective est très satisfaisant. Son évidence *a priori* laisse cependant à désirer. À la rigueur, on peut défendre l'idée que l'axiome de détermination complète DC (« tous les sous-ensembles de $\mathbb{R}$ sont déterminés ») est naturel par analogie avec le cas fini, mais il n'y a rien de tel pour DP. Les arguments en faveur de DP sont *a posteriori*. Ce n'est pas suffisant pour convaincre un formaliste et ce n'est pas parfaitement satisfaisant pour un réaliste qui préfère quand même les arguments *a priori* pour la justification d'axiomes.

Un des grands succès de la logique a été la découverte, par Hugh Woodin, Donald Martin et John Steel de l'université de Berkeley, d'un argument *a priori* en faveur de l'axiome DC. L'argument est indirect, mais il vaut la peine d'être compris, il nous conduit aux grands cardinaux qui sont au centre des travaux en théorie des ensembles depuis bientôt quarante ans.

Tout grand ensemble imaginable existe

Une chose semble certaine : si le monde des ensembles existe, il doit être aussi grand que possible. Il serait absurde de considérer que le monde des ensembles s'arrête à tel ou tel niveau s'il est logiquement possible de le concevoir plus grand. Le monde des ensembles par une sorte de *principe de maximisation* doit être aussi grand que la logique le permet. Il en résulte que, à chaque fois qu'on trouve un axiome qui affirme qu'il y a de grands ensembles – de tels axiomes s'appellent *les axiomes de grands cardinaux* (voir encadrés 4.5 et 4.6) – et que cet axiome n'introduit pas de contradiction, on doit l'adopter : tout axiome de grands cardinaux est valide *a priori*.

Une telle justification des axiomes de grands cardinaux paraît peut-être étrange et risquée. Pourtant, elle ne l'est pas plus que celles qu'on utilise pour poser les axiomes de l'arithmétique quand on déclare que derrière tout nombre entier il y en a un autre, ou que les entiers satisfont le principe du raisonnement par récurrence (il s'agit là de propriétés justifiées par la conception *a priori* qu'on a des nombres entiers). Lorsque l'on recherche de nouveaux axiomes, on est contraint à ce genre de considérations heuristiques, et celles concernant les grands ensembles ne sont pas moins satisfaisantes que celles qu'on formule pour justifier les axiomes de l'arithmétique. De plus, nous allons voir que les axiomes de grands cardinaux possèdent aussi une justification *a posteriori*.

ENCADRÉ 4.4

Détermination projective et hypothèse du continu

On peut montrer que les ouverts *satisfont l'hypothèse du continu* (ceux qui sont infinis soit sont dénombrables, soit ont la puissance du continu) et qu'ils sont *déterminés* (si A est l'un d'eux, il existe une stratégie gagnante pour l'un des joueurs dans le jeu infini associé à A). De même, on peut montrer que les boréliens satisfont l'hypothèse du continu et sont déterminés.
En revanche, on ne sait pas montrer que les *projectifs* (voir encadré 4.2) sont déterminés – on prouve même qu'il s'agit d'un indécidable de la théorie des ensembles –, ni que l'hypothèse du continu est vraie pour eux.
L'axiome de détermination projective, DP, est l'affirmation :

Tout projectif est déterminé

Deux arguments, l'un *a posteriori*, l'autre *a priori*, jouent en sa faveur :
(a) l'axiome DP a des conséquences harmonieuses et conformes aux attentes des mathématiciens ;
(b) l'axiome DP résulte de certains axiomes de grands cardinaux – qui sont considérés comme naturels – et est donc lui aussi naturel.
L'axiome DP entraîne que l'hypothèse du continu est vraie pour les projectifs :

Tout sous-ensemble projectif infini de $\mathbb{R}$ est dénombrable
ou a la puissance du continu

L'axiome DP est à la fois vrai *a priori* (comme les axiomes de grands cardinaux) et fait progresser la résolution de l'hypothèse du continu. Il est donc naturel d'ajouter DP aux axiomes de la théorie usuelle des ensembles, comme il est naturel d'ajouter aux lois acceptées en physique une loi physique qui marche bien.

Comme tout axiome de grands cardinaux est justifié *a priori*, tout ce qui résulte d'un axiome de grands cardinaux est aussi justifié *a priori*. La découverte par Woodin, Martin et Steel, il y a quelques années, que certains axiomes de grands cardinaux impliquaient l'axiome de détermination projective DP (et même une version un peu plus forte de DP) a comblé les espérances des théoriciens qui proposaient d'adopter DP : non seulement nous avons des raisons *a posteriori* d'adopter DP, mais nous avons aussi des raisons *a priori* de le faire. Le réaliste est satisfait. Aujourd'hui, l'axiome DP est d'ailleurs considéré par une partie importante des chercheurs en théorie des ensembles comme un axiome sérieux qu'il faut définitivement accepter d'ajouter à la théorie classique ZFC. La série de travaux qui a conduit à cette conclusion doit être vue comme la découverte d'une nouvelle loi du monde des ensembles, comparable à la découverte d'une nouvelle loi en physique.

ENCADRÉ 4.5

Un exemple d'axiome de grands cardinaux

Une *surjection* de A vers B est une application *f* qui atteint tout point de B : pour tout *b* dans B, il existe un *a* dans A tel que *f*(*a*) = *b*.
S'il existe une *surjection* de A vers B, on dit que A est *plus gros* que B.
Si, de plus, il n'existe pas de surjection de B vers A, on dit que A est *strictement plus gros* que B.
Si A est plus gros que B, et que B est plus gros que A, alors il existe une bijection entre A et B.
On dit alors que A et B sont *équipotents* ou *de même cardinal.*
Georg Cantor a montré que l'ensemble P(A) des parties d'un ensemble A est toujours strictement plus gros que A. Il en résulte qu'il existe une infinité d'ensembles de plus en plus gros : ℕ, P(ℕ), P(P(ℕ)), etc.
Considérons l'affirmation suivante :

Il existe un ensemble infini non dénombrable A tel que :

(*)

pour tout ensemble B, tel que A soit strictement plus gros que B, alors A est strictement plus gros que P(B).

L'ensemble A = ℕ ne vérifie pas (*) car il est dénombrable.
L'ensemble A = P(ℕ) ne vérifie pas (*) à cause de B = ℕ. De même aucun ensemble de la liste ℕ, P(ℕ), P(P(ℕ)), etc., ne satisfait (*).
L'affirmation (*) signifie donc qu'il existe des ensembles infinis encore plus gros que tous ceux de la liste ℕ, P(ℕ), P(P(ℕ)), etc.
L'affirmation (*) est *un axiome de grands cardinaux.*
Les logiciens ont aujourd'hui formulé un grand nombre de tels axiomes qui, bien plus puissants encore que (*), sont des affirmations que l'univers des ensembles est immense, d'une façon telle qu'il est extrêmement difficile de l'imaginer. La théorie des grands cardinaux est une théorie des ensembles super-super-grands... et même plus.

ENCADRÉ 4.6

Les axiomes de grands cardinaux : une affaire de foi

Un ensemble infini E est un ensemble tel qu'il existe une injection (une application vérifiant que deux points différents ont toujours deux images différentes) de E dans une partie de lui-même.
L'application $n \to 2n$ par exemple est une telle injection de l'ensemble des entiers dans une partie de lui-même – les entiers pairs – différente de lui-même.
L'idée qu'un ensemble très grand, E, est un ensemble tel qu'il existe une injection de E dans lui-même est une idée très féconde : en imposant aux injections de vérifier des propriétés de plus en plus nombreuses, on définit des notions d'infinis de plus en plus *sévères*, c'est-à-dire des ensembles de plus en plus grands. C'est l'une des méthodes utilisées pour définir des axiomes de grands cardinaux.
Les axiomes de grands cardinaux sont considérés comme naturels, car si le monde des ensembles existe, alors il doit contenir le plus possible d'ensembles, et donc tous les grands ensembles y sont les bienvenus.
Cependant, ces axiomes, dans la majorité des cas, font partie des *indécidables de Gödel* de la théorie des ensembles : on ne peut avec les axiomes usuels ni prouver qu'ils sont vrais, ni prouver qu'ils sont faux. Il faut donc les accepter tels quels sans espoir de les démontrer à partir des autres. Le logicien Hugh Woodin exprime cette situation en disant : « La croyance dans les axiomes de grands cardinaux est une affaire de foi. »

ENCADRÉ 4.7

Les axiomes de grands cardinaux sont utiles

A. Utiles en arithmétique

Les axiomes de grands cardinaux entraînent la non-contradiction de la théorie usuelle des ensembles. Les affirmations de non-contradiction d'une théorie sont des énoncés qu'on écrit en utilisant le langage de l'arithmétique pure. Il en résulte que – contrairement à l'hypothèse du continu – les axiomes de grands cardinaux ont des conséquences en arithmétique, c'est-à-dire dans les mathématiques élémentaires.

B. Utiles pour nourrir l'intuition du mathématicien

Des résultats de la théorie des tresses – une des formes de la théorie mathématique des nœuds – ont été découverts grâce à l'intuition fournie par les axiomes de grands cardinaux. Même si ces résultats ont aussi été démontrés de manière directe, ils prouvent l'utilité de la théorie des ensembles pour le mathématicien de base, qui peut y puiser des images et des méthodes pour traiter ses propres problèmes en apparence sans liens avec les grands cardinaux.

C. Utiles pour classer les indécidables

Les axiomes de grands cardinaux se classent les uns par rapport aux autres et constituent une échelle avec laquelle on peut mesurer la force des très nombreux indécidables de la théorie des ensembles. Les grands cardinaux constituent donc des outils puissants d'analyse des théories mathématiques. L'intuition de Gödel, qui avait pressenti que les axiomes de grands cardinaux étaient la clef de l'indécidabilité, se trouve vérifiée.

L'étude des axiomes de grands cardinaux a maintenant prouvé sa profondeur et son utilité bien qu'elle fonctionne différemment du reste des mathématiques : on ne développe pas seulement les conséquences d'axiomes, on cherche à en inventer de nouveaux qui échappent par nature à ceux connus avant. Ce point extrême de l'aventure mathématique que constitue ce domaine de recherche est fascinant car la notion même de *vérité mathématique* y vacille au contact d'infinis dépassant toute imagination.

Nouveaux arguments en faveur du réalisme

Mais revenons-en aux grands cardinaux, car un progrès plus diffus en théorie des ensembles doit être mentionné, qui donne une raison *a posteriori* d'adopter les axiomes de grands cardinaux.

Notons d'abord qu'il y a une limite évidente à l'acceptation des grands cardinaux qui n'a pas été mentionnée pour l'instant : leurs compatibilités mutuelles. En effet, si certains énoncés affirmant l'existence de grands ensembles se contredisaient, alors il serait impossible de les prendre tous, il faudrait choisir.

Cette idée que deux axiomes de grands cardinaux pourraient se contredire constitue même un critère permettant de départager la conception réaliste de la conception formaliste en philosophie des mathématiques (des échappatoires sont bien sûr possibles). Si l'on trouve des axiomes de grands cardinaux se contredisant, c'est que vraisemblablement les ensembles sont des fictions, car alors, défendre l'idée d'un unique réel, raison de tout, ne tient plus, et l'on retombe dans l'idée que les extensions acceptables de ZFC sont laissées au libre choix et à l'humeur du mathématicien. En revanche, si l'on ne trouve jamais de contradiction entre axiomes de grands cardinaux, il devient raisonnable de croire qu'il y a quelque chose de réel derrière les formalismes qui ne sont donc pas seulement des jeux syntaxiques.

Les recherches faites sur ces questions durant les quarante dernières années ont abouti à une situation remarquable et inespérée qui vient renforcer la position des réalistes et fournit en même temps un argument *a posteriori* en faveur de tous les axiomes de grands cardinaux. Malgré des dizaines de théorèmes sur les relations qu'ils entretiennent, on n'a jamais trouvé d'axiomes de grands cardinaux qui soient incompatibles entre eux. Au contraire, on s'est aperçu qu'ils se classaient les uns par rapport aux autres comme si, vraiment, ils décrivaient une réalité hiérarchisée conforme aux espérances du réaliste. Pour Akihiro Kanamori et Menachem Magidor, « cet aspect hiérarchique de la théorie des grands cardinaux est mystérieux, mais c'est aussi un argument fort en faveur de l'adoption des axiomes de grands cardinaux et du fait qu'ils fournissent les extensions naturelles de ZFC ».

Le monde ensembliste apparaît organisé, et on n'a pas de choix arbitraire à opérer entre les axiomes qu'on doit ajouter à ZFC pour en rendre compte. Les choix semblent dictés par des nécessités extérieures assimilables à un réel indépendant. La constatation empirique de cet ordre dans les grands ensembles conforte les arguments *a priori* en faveur des grands cardinaux.

Notons encore que beaucoup d'énoncés (avec une exception majeure sur laquelle nous allons revenir) qui avaient été montrés indépendants des axiomes usuels de la théorie des ensembles se sont révélés équivalents à des axiomes de grands cardinaux, conduisant à la conclusion que tout ce qu'il semble raisonnable d'accepter par des arguments *a posteriori* (comme DP) résulte aussi d'hypothèses de grands cardinaux, et donc peut être justifié *a priori*.

Hugh Woodin exprime clairement la lecture réaliste qu'il fait de cette situation : « La hiérarchie de grands cardinaux semble aussi intrinsèque et absolue que les nombres entiers eux-mêmes. Pour moi, cela constitue l'une des découvertes majeures en théorie des ensembles. »

ENCADRÉ 4.8

Symposium sur l'hypothèse du continu

Du 29 mai au 1er juin 2001, au MSRI (Mathematical Sciences Research Institute) de Berkeley, Hugh Woodin (photo) et John Steel ont organisé un atelier de travail sur l'hypothèse du continu durant lequel des avancées importantes en faveur d'une conclusion négative de la question posée il y a plus d'un siècle par Georg Cantor ont été présentées.

L'hypothèse du continu sur le point d'être résolue

Mais revenons pour terminer sur l'hypothèse du continu. Peut-on, comme pour DP, la traiter définitivement d'une façon qu'on pourrait considérer comme naturelle et par exemple montrer qu'elle (ou sa négation) résulte d'un axiome de grands cardinaux ? Malheureusement non, car un résultat démontré dans les années 1960 indique qu'on ne pourra pas traiter complètement de l'hypothèse du continu à l'aide seulement d'axiomes de grands cardinaux.

Le sentiment général est qu'avec DP et la découverte de la belle organisation des axiomes de grands cardinaux, on a nettement progressé au sujet de l'hypothèse du continu. L'axiome DP, si on le considère maintenant comme adjoint aux autres axiomes, permet de traiter mieux la question de savoir si tous les sous-ensembles de $\mathbb{R}$ sont dénombrables ou ont la puissance du continu (question posée par l'hypothèse du continu). Cette incidence de DP sur l'hypothèse du continu ne règle pas tout, mais crée la conviction qu'on a avancé et qu'on ira encore plus loin si l'on s'en donne la peine.

D'ailleurs, depuis une dizaine d'années, des travaux fondés sur des considérations logiques d'un type nouveau – l'oméga-logique –, où, là encore, Woodin joue un rôle central, ont produit un ensemble de résultats convergents à propos de l'hypothèse du continu. On semble maintenant proche d'une solution définitive. D'après ces pistes qui prennent forme – même si certains en discutent encore le bien-fondé –, on s'achemine vers la conclusion que l'hypothèse du continu est fausse.

L'accord sur l'axiome DP, dont Woodin dit qu'il le considère aussi vrai que les axiomes de l'arithmétique élémentaire, montre que le programme d'ajouter des axiomes naturels aux axiomes de base de la théorie des ensembles n'est pas une utopie. L'infini est approchable, il se dévoile progressivement, en particulier grâce aux jeux infinis. Lorsque nous prenons la peine de l'examiner, nous en découvrons les propriétés. Ceux qui craignent de formuler une conclusion philosophique trop abrupte en faveur du point de vue réaliste s'exprimeront prudemment et, comme Patrick Dehornoy, diront seulement : « Il semble difficile de nier que la compréhension développée par Woodin et les théories qu'il élabore portent sur *quelque chose*, quand bien même cette chose ne serait pas l'infini non dénombrable en termes duquel les résultats sont aujourd'hui énoncés. »

Les derniers progrès conduisent à des constructions conceptuelles dont la somme dessine un tableau de plus en plus net et cohérent, laissant entrevoir qu'un nouvel axiome sera bientôt ajouté à ZFC + DP et qu'il permettra d'affirmer que l'hypothèse du continu, HC, est fausse. Hugh Woodin est clair : « Il y a dix ans, je pensais qu'il y avait une chance que l'hypothèse du continu possède une solution. Maintenant, je suis certain qu'elle possède une solution. »

Chapitre 5

Le retour surprise d'une image

Les points se mélangent… jusqu'à se remettre en place !

RÉSUMÉ. Les transformations d'images pixel par pixel sont faciles à comprendre pour celui qui en a une vision mathématique. Qu'elles soient basées sur l'idée d'un boulanger qui pétrit la pâte, ou sur les machines qui délivrent des photos d'identité par paquets de quatre, ou encore sur des courbes fractales, elles possèdent toutes une propriété commune et paradoxale : en recommençant sans relâche le même mélange des pixels, un moment vient inévitablement où l'image se remet en place. L'art du chiffrage secret – la cryptographie – y trouve son affaire.

Un boulanger patient et un photomaton répété

D'un geste régulier et expert, le boulanger prend la pâte, l'étire et la replie sur elle-même. Il recommence longuement, les particules se mélangent de mieux en mieux et sa pâte devient homogène. Plus le mouvement sera répété, meilleur sera le résultat. Est-ce certain ?

Son opération est rendue précise par une description mathématique qu'il est convenu maintenant d'appeler *la transformation du boulanger*. On l'utilise depuis bientôt trente ans pour illustrer les subtiles relations que les théories du chaos découvrent entre *l'ordre* et *la complexité* et entre *le déterminisme* et *le hasard*. Le prix Nobel de chimie Ilya Prigogine (1917-2003) et Isabelle Stengers dans leur livre *La Nouvelle Alliance* défendent la thèse que la prise en compte de ces théories conduit à un changement philosophique profond. Ce livre contient un chapitre entier centré sur l'étude de *la transformation du boulanger* et les leçons qu'on doit en tirer.

Notre projet ici sera bien plus modeste et ludique. Nous allons utiliser la métaphore pâtissière pour déformer des images et observer quelques phénomènes étranges. *La transformation du boulanger,* celle que nous appellerons *la transformation du photomaton* et celle déduite de la courbe fractale de Hilbert nous feront assister en direct au brouillage progressif d'une image et à son « débrouillage » inattendu.

Ces trois transformations bijectives d'images ainsi que plusieurs autres ont été programmées par Philippe Mathieu et quelques étudiants de l'université de Lille. Le logiciel qui en est résulté est à la disposition de tous et permet l'exploration concrète de ces mélanges graphiques. Le logiciel se trouve en : http://www2.lifl.fr/~mathieu/transform/

La danse des pixels

Une image d'ordinateur est composée d'un nombre fini de points appelés pixels qu'il est possible de traiter individuellement et donc de mélanger comme on mélange des cartes à jouer.

Les mélanges de points les plus intéressants sont les *mélanges bijectifs* – appelés aussi *permutations*. Chaque point est envoyé à la place d'un autre point et aucun point n'est perdu. Après un mélange bijectif, l'image est toujours présente – aucun point n'a disparu –, mais elle est mélangée et parfois devenue indéchiffrable.

Le mélange bijectif ayant été effectué, on peut l'appliquer une deuxième fois, puis une troisième, etc. On obtient ainsi une série d'images complètes, en général de plus en plus confuses.

Avec des images composées d'un nombre fini de pixels – ce qui est toujours le cas en informatique – une chose étonnante se produit : au bout d'un temps déterminé, l'image redevient identique à l'image choisie au départ. Ce *temps de retour* est parfois très grand, mais nous verrons comment le calculer. Ce retour est lié à une propriété générale des permutations. Celles-ci, pour un nombre fixé de points, forment un groupe fini et, dans un groupe fini, tout élément multiplié avec lui-même un assez grand nombre de fois donne l'élément neutre ; ici, la transformation *identité* qui ne déplace aucun point.

Dans le cas continu – c'est-à-dire quand on considère une image ayant une infinité de points –, ce *retour à l'ordre* ne se produit qu'exceptionnellement. Cependant, pour certaines transformations, il se produit approximativement, ce qui intéresse les théoriciens de l'ordre et du désordre. Le *retour approximatif* dans le cas continu n'est peut-être pas étonnant puisque dans le cas fini le retour exact est une règle générale : quel que soit le mélange bijectif considéré pour une image informatique, le retour au départ se produit avec certitude.

Partons pour ce voyage d'image en image engendré par les transformations bijectives qui nous feront observer de curieuses et brusques réapparitions de l'ordre là où le chaos semble s'imposer.

Le boulanger discret

Dans le cas de *la transformation du boulanger*, nous nous donnons une image de n lignes et m colonnes. Comme il faut la couper en deux, nous supposerons que n et m sont des nombres pairs.

Les points de la première ligne ont pour coordonnées :

$(0, 0), (0, 1), \ldots, (0, m-2), (0, m-1)$.

Ceux de la deuxième ligne :

$(1, 0), (1, 1), \ldots, (1, m-2), (1, m-1)$.

Viennent ensuite :

$(2, 0), (2, 1), \ldots, (2, m-2), (2, m-1)$,

$(3, 0), (3, 1), \ldots, (3, m-2), (3, m-1)$, etc.

L'étirement de la pâte est assimilé à une interpénétration des lignes paires et des lignes impaires : deux lignes fusionnent en une seule de longueur double, les points de l'une alternant régulièrement avec les points de l'autre. La hauteur du rectangle de départ est divisée par deux (car il y a deux fois moins de lignes après l'étirement) et sa longueur multipliée par deux (car chaque ligne est doublée). La surface totale est préservée. Les lignes sont maintenant :

$(0, 0), (1, 0), (0, 1), (1, 1), \ldots, (0, m-2), (1, m-2), (0, m-1), (1, m-1)$

$(2, 0), (3, 0), (2, 1), (3, 1), \ldots, (2, m-2), (3, m-2), (2, m-1), (3, m-1)$, etc.

Le repliement de la pâte comporte deux phases : (a) prendre le rectangle aplati et le séparer en deux en le coupant au milieu par un trait vertical ; puis (b) faire pivoter de 180° la partie droite du rectangle pour la placer sous la partie gauche. Cela redonne un carré. Après ces opérations, les premières lignes sont devenues :

$(0, 0), (1, 0), (0, 1), (1, 1), \ldots, (0, m/2-1)\ (1, m/2-1)$

$(2, 0), (3, 0), (2, 1), (3, 1), \ldots, (2, m/2-1), (3, m/2-1)$, etc.

Les dernières lignes correspondant au pliage de la moitié droite sont :

$(3, m-1), (2, m-1), (3, m-2), (2, m-2), \ldots, (3, m/2), (2, m/2)$,

$(1, m-1), (0, m-1), (1, m-2), (0, m-2), \ldots, (1, m/2), (0, m/2)$.

Chaque point de l'image initiale est dans la nouvelle image en un exemplaire. C'est précisément cette opération de déplacement des points que nous nommons *la transformation du boulanger.*

Nous pouvons maintenant expérimenter. Commençons par une image carrée de côté 512. Le nombre 512 est une puissance de 2, ce qui, comme on va le voir, provoque un retour rapide à l'image initiale. L'encadré 5.2 représente certaines des étapes de la transformation qui en comporte 19.

En observant les 2 étapes finales, on remarque une chose plutôt inattendue, sauf pour certains spécialistes qui connaissent le résultat : l'image précédant le retour est en fait le résultat de l'application d'une variante simple de *la transformation du boulanger.* Cette *transformation du boulanger inverse* consiste à étirer l'image – cette fois en un rectangle de largeur moitié et de hauteur double – puis à replier le bas du rectangle en le faisant pivoter pour le placer à droite de la moitié du haut.

ENCADRÉ 5.1

La bijection du boulanger

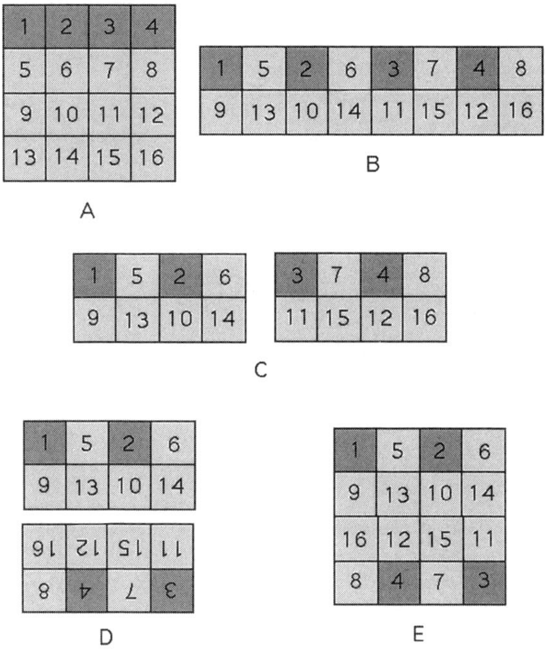

La transformation du boulanger déplace les pixels d'une image sans en perdre aucun et sans en ajouter.

A) On se donne une image, ici composée de 16 pixels.

B) On aplatit l'image : les pixels d'une ligne s'insèrent dans ceux de la ligne voisine. Ici, les lignes 1 et 2 en donnent une nouvelle de longueur double. De même pour les lignes 3 et 4.

C) On coupe en deux l'image aplatie.

D) On fait pivoter la partie droite qui se glisse sous la partie gauche.

E) On obtient une image nouvelle.

ENCADRÉ 5.2

La transformation du boulanger au travail

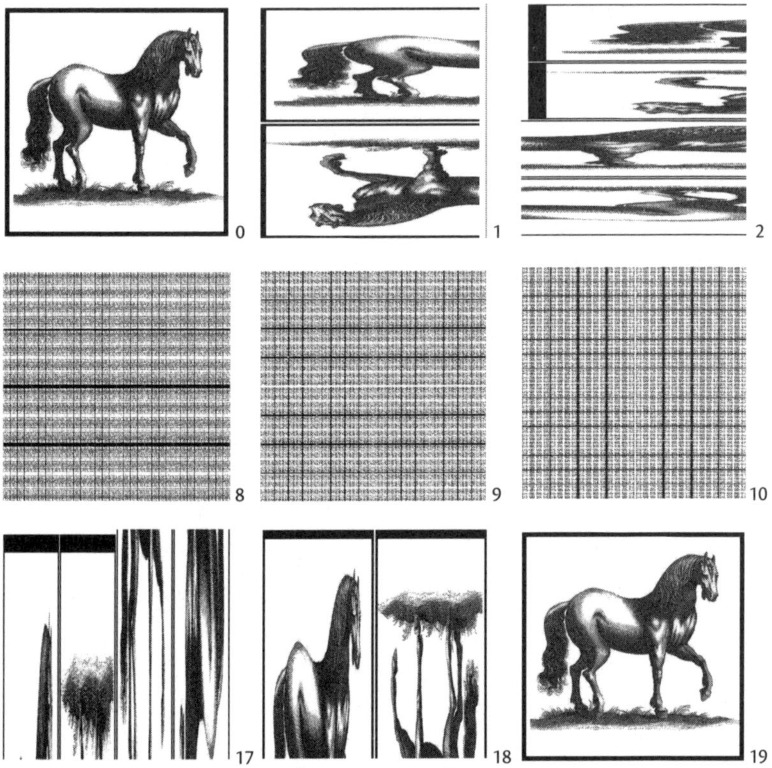

La transformation du boulanger est appliquée plusieurs fois à la gravure d'un cheval, notée Cheval-0. On obtient des images successives où les points semblent se mélanger Cheval-1, Cheval-2, Cheval-3, etc. L'image Cheval-19 est exactement identique à l'image Cheval-0.
Les étapes représentées sont Cheval-0, Cheval-1, Cheval-2 sur la première ligne, puis Cheval-8, Cheval-9, Cheval-10 sur la deuxième ligne, puis enfin Cheval-17, Cheval-18, Cheval-19 sur la troisième ligne.

Selon les dimensions de l'image, l'attente du retour est plus ou moins longue. Voici quelques données. Pour simplifier nous nous intéressons uniquement aux images carrées de $2p$ lignes et $2p$ colonnes.

Pour une image	2×2	le temps de retour est	3
Pour une image	4×4	le temps de retour est	5
Pour une image	6×6	le temps de retour est	60
Pour une image	8×8	le temps de retour est	7
Pour une image	10×10	le temps de retour est	556 920
Pour une image	12×12	le temps de retour est	1 008
Pour une image	14×14	le temps de retour est	339 660
Pour une image	16×16	le temps de retour est	9
Pour une image	18×18	le temps de retour est	15 300
Pour une image	20×20	le temps de retour est	1 244 880
Pour une image	24×24	le temps de retour est	1 548

Le cas de l'image 2×2 se traite à la main en quelques secondes :

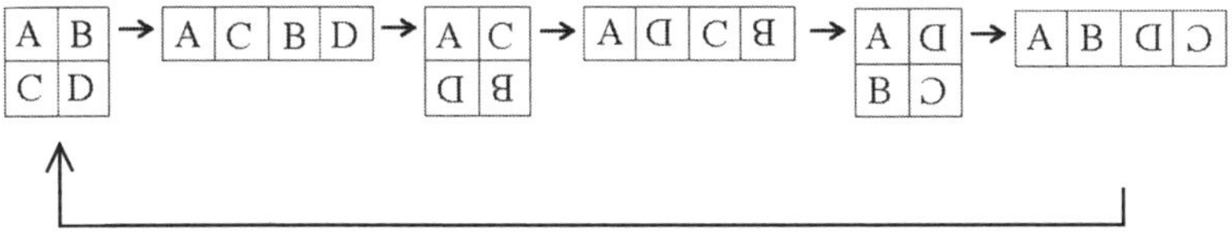

Pour une image 20×20 à raison d'une image par seconde, le retour se ferait attendre 14 jours. Nous ignorons s'il existe une loi générale simple donnant ce temps d'attente. Nous avons simplement constaté que si $n = 2^p$, le temps de retour est $2p + 1$, d'où les 19 étapes pour $n = 512 = 2^9$.

Le photomaton

La seconde transformation est sans doute encore plus surprenante. Elle montre que dans un monde fini, en regardant de très loin une multitude de copies approximatives d'un objet donné, on le fait réapparaître. L'idée de cette transformation, et qui l'a fait nommer *photomaton*, provient bien sûr de ces appareils qui délivrent quatre photographies d'identité semblables au client qui accepte d'entrer dans une boîte bizarre, de s'y asseoir et de s'y faire violemment éblouir.

ENCADRÉ 5.3

La bijection du photomaton

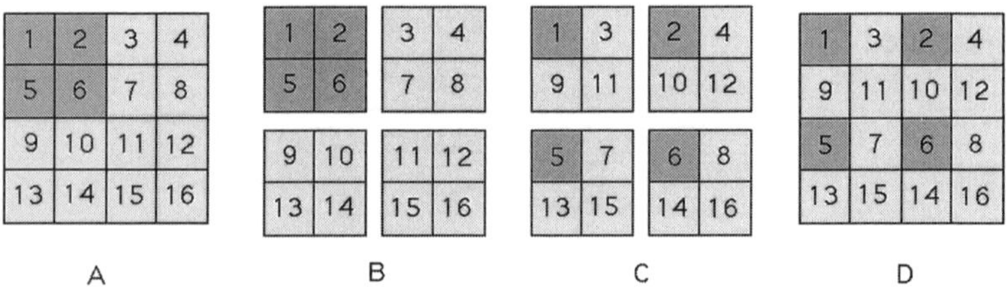

La transformation du photomaton déplace les pixels d'une image sans en perdre aucun et sans en ajouter.
A) On se donne une image, ici composée de 16 pixels.
B) On la découpe en paquets de 4 pixels. Ici, il y en a 4. Dans le cas d'une image $2n \times 2m$, il y aurait $n \times m$ paquets de 4 pixels.
C) Chaque pixel d'un petit carré va se placer à l'endroit correspondant dans une image de $n \times m$ pixels. Cela donne 4 petites images semblables à l'image de départ.
D) Les 4 images – en apparence identiques, mais en réalité différentes dans le détail – composent une nouvelle image.

Là encore, nous partons d'une image carrée ayant un nombre pair de lignes et de colonnes. Chaque groupe de quatre points contigus constituant un carré est éclaté et donne : (I) un point de l'image transformée dans le carré en haut à gauche ; (II) un point dans le carré en haut à droite ; (III) un point dans le carré en bas à gauche et (IV) un point en bas à droite. Les nouveaux points sont placés dans les quatre carrés plus petits à l'endroit correspondant aux quatre pixels éclatés. Par exemple, les quatre points du coin en haut à gauche :

(0, 0)	(0, 1)
(1, 0)	(1, 1)

vont respectivement occuper les coins en haut à gauche des quatre images réduites :

(0, 0)	(0, $n/2$)
($n/2$, 0)	($n/2$, $n/2$)

De même les quatre points situés juste à côté :

(0, 2)	(0, 3)
(1, 2)	(1, 3)

vont respectivement occuper les places :

(0, 1)	(0, $n/2 + 1$)
($n/2$, 1)	($n/2$, $n/2 + 1$)

On comprend bien que l'image initiale se trouve reproduite quatre fois par ce procédé de redistribution des pixels. Notons que, même si notre œil ne s'en aperçoit pas, les quatre petites images résultant de l'application de *la transformation du photomaton* sont toutes les quatre différentes : chacune est extraite de l'image initiale en y prenant un pixel sur quatre, mais pour chacune les pixels retenus sont différents.

ENCADRÉ 5.4

Jeanne d'Arc au photomaton

0

1

2

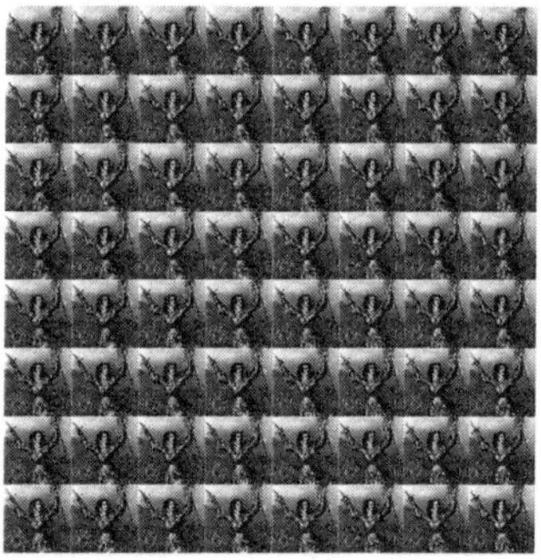
3

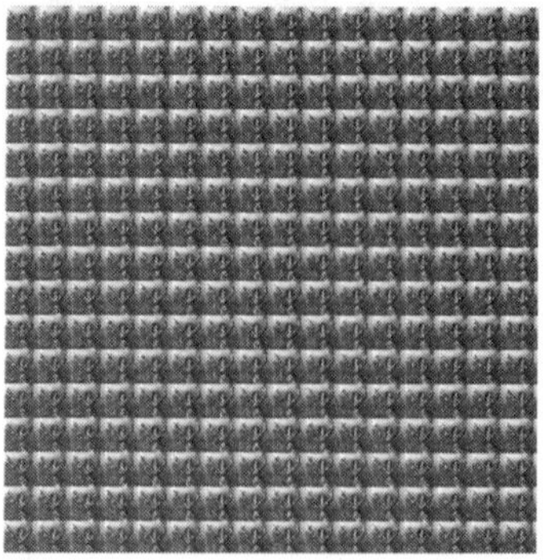
4

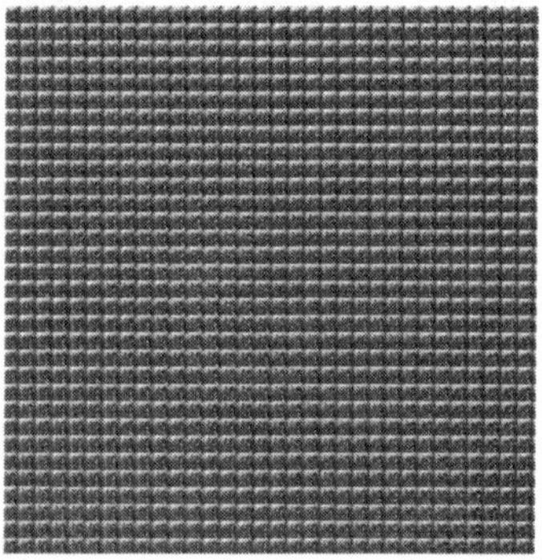
5

6

7

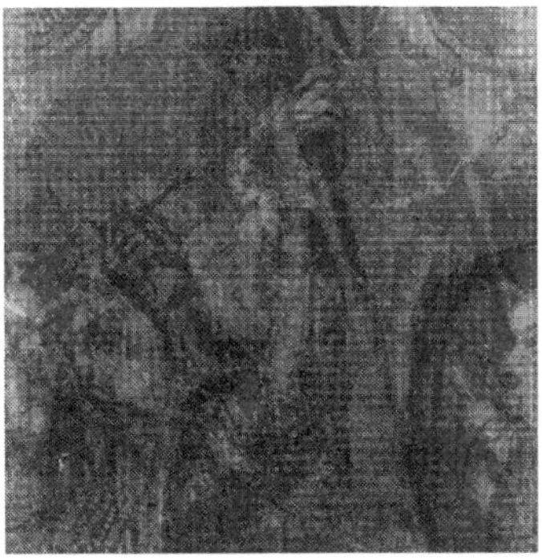
8

9

La transformation du photomaton semble multiplier les images jusqu'à faire disparaître toute trace du motif initial. Pourtant, en commençant avec une image de taille 512 × 512, 9 étapes suffisent pour reconstituer le motif de départ.

Le résultat des applications du photomaton (cette fois en partant d'une gravure représentant Jeanne d'Arc) est dans un premier temps sans surprise : on assiste à une multiplication de l'image qu'on obtient en 4 exemplaires, puis 16, puis 64, etc. Tout à coup cependant, on se retrouve avec l'image de départ. Ce phénomène se produit très rapidement. Pourquoi ?

L'image précédant le retour, là encore, mérite d'être examinée car elle est parfaitement explicable : il s'agit de la superposition des 4 quarts de l'image initiale qui ont chacun été agrandis d'un facteur 2. L'image précédente, on le devine alors, est la superposition des 16 seizièmes de l'image initiale agrandis d'un facteur 4. Etc.

Le temps de retour varie beaucoup en fonction du nombre de pixels des lignes et des colonnes.

Pour une image	2×2	le temps de retour est	1
Pour une image	4×4	le temps de retour est	2
Pour une image	6×6	le temps de retour est	4
Pour une image	8×8	le temps de retour est	3
Pour une image	10×10	le temps de retour est	6
Pour une image	12×12	le temps de retour est	10
Pour une image	14×14	le temps de retour est	12
Pour une image	16×16	le temps de retour est	4
Pour une image	18×18	le temps de retour est	6
Pour une image	20×20	le temps de retour est	18
Pour une image	24×24	le temps de retour est	6

Lorsque le temps de retour est long, ce qui est le cas avec la gravure de Dürer représentant saint Georges (format 350×512), les images intermédiaires sont parfois étranges et laissent entrevoir des réminiscences partielles et déformées de l'image initiale (voir l'encadré 5.5).

Le retour à l'ordre surprend car on comprend mal qu'en mélangeant de plus en plus les points d'une image – ce qui en apparence la fractionne en morceaux déformés et battus – on fasse revenir comme par magie l'image initiale. C'est que dans les mondes où tout est discret notre intuition basée sur le continu nous joue des tours.

ENCADRÉ 5.5

Les fantaisies du photomaton

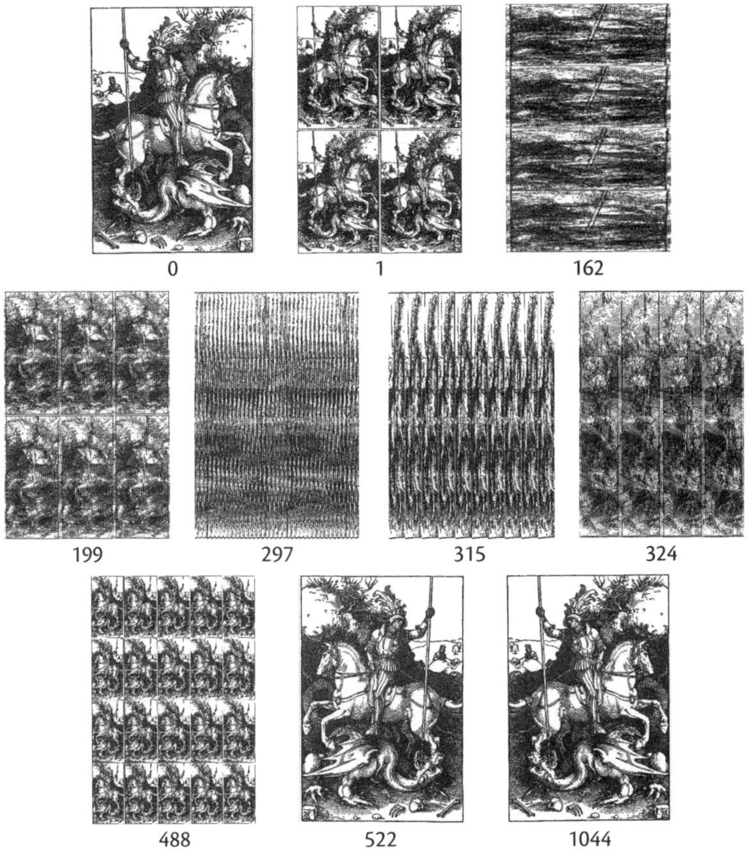

La transformation du photomaton appliquée à une image de format 350 × 512 produit 1 044 images différentes avant le retour. L'image numéro 522 (à la moitié du parcours) est exactement la symétrique de l'image de départ. Alors que la majorité des images sont totalement illisibles, certaines le sont partiellement, laissant entrevoir des répétitions de l'image dégradée, aplatie ou inversée. C'est le cas des images que nous avons sélectionnées dont les numéros sont dans l'ordre : 0, 1, 162, 199, 297, 315, 324, 488, 522, 1044.

Le calcul du temps de retour

Pour *la transformation du photomaton*, il est possible de connaître le temps de retour à partir simplement du format de l'image. La méthode qui nous a menés au résultat est indirecte. Lors de nos nombreux essais, nous avons pris les mélanges de cartes classiques et les avons appliqués aux lignes et aux colonnes d'une image. Le mélange de cartes le plus simple (appelé *séparation binaire*) consiste à faire deux paquets à partir d'un, en plaçant alternativement les cartes à droite et à gauche avant de regrouper les deux paquets en un seul, en mettant celui qui contient la première carte au-dessus (cette première carte reste donc à sa place).

Un peu de réflexion montre que la transformation qui consiste à effectuer simultanément la séparation binaire sur les numéros des colonnes et sur les numéros des lignes est identique à *la transformation du photomaton*.

Le mélange de cartes inverse de la séparation binaire est le *mélange out-faro* (ou *Pharaon out*) bien connu des prestidigitateurs et des tricheurs : on insère parfaitement les cartes du demi-paquet supérieur dans le demi-paquet inférieur en s'arrangeant pour que la carte placée en tête y reste (si elle passait en deuxième, il s'agirait du *in-faro*) et qu'ensuite les cartes alternent. On en déduit que le mélange inverse de *la transformation photomaton* est le résultat du *out-faro* appliqué aux lignes et aux colonnes. C'est ce que nous avons observé : une superposition des quatre quarts agrandis de l'image.

Cette compréhension de la nature profonde du photomaton – un mélange binaire simultané sur les colonnes et sur les lignes – nous conduit au temps de retour pour toutes les tailles d'images. Voici le raisonnement :

– D'une part, la période du *out-faro* (identique puisque c'est la transformation inverse à celle du *mélange binaire*) est connue. Dans le cas particulier où $n = 2^i$, c'est i. Dans le cas général où $n = 2p$, le temps de retour est le plus petit entier q tel que : $2^q - 1$ est divisible par $2p - 1$.

Exemple. Pour $p = 5$:

$2^1 - 1 = 1$ n'est pas divisible par 9 ;

$2^2 - 1 = 3$ n'est pas divisible par 9 ;

$2^3 - 1 = 7$ n'est pas divisible par 9 ;

$2^4 - 1 = 15$ n'est pas divisible par 9 ;

$2^5 - 1 = 31$ n'est pas divisible par 9 ;

$2^6 - 1 = 63$ est divisible par 9 ;

donc le temps de retour pour $p = 5$ (paquet de 10 cartes) est 6.

Pour $p = 6$: on voit que $2^{10} - 1 = 1\,023$ est divisible par 11 et qu'on n'obtient rien avant. Le temps de retour est 10.

– D'autre part, lorsqu'une transformation opère indépendamment sur les lignes et sur les colonnes, il est clair que le temps de retour est le *plus petit commun multiple* du temps de retour de la transformation des colonnes et du temps de retour de la transformation des lignes.

Pour *la transformation du photomaton*, il en résulte que si le rectangle a pour taille $(2p) \times (2p')$ le temps de retour sera le plus petit commun multiple :

– du plus petit q tel que $2^q - 1$ est divisible par $2p - 1$

– et du plus petit q' tel que $2^{q'} - 1$ est divisible par $2p' - 1$.

C'est peut-être compliqué, mais nous n'y pouvons rien. Tout ne se simplifie pas toujours en mathématiques.

Exemple : pour une image de taille 10×12, le temps de retour sera donc le plus petit commun multiple de 6 et de 10 (voir la justification du 6 et du 10 plus haut), c'est-à-dire 30.

Aller vite et loin

Lorsque le temps de retour est grand, il devient impossible de le connaître, car des heures, voire des jours ou des mois de calculs seraient nécessaires pour retrouver l'image initiale.

Une méthode permet cependant d'éviter presque entièrement l'attente. Elle permet aussi, sans avoir à passer par les images intermédiaires, de calculer directement l'image 1 935 234 ou n'importe quelle autre. Cette méthode a été implémentée dans le logiciel de Philippe Mathieu, ce qui permet au logiciel d'annoncer instantanément le temps de retour en se basant seulement sur la transformation et la taille de l'image.

Voici le principe de ce calcul qu'il est intéressant de comprendre puisqu'il permet aussi de mieux saisir la raison du retour miraculeux à l'image de départ, et des retours approximatifs.

Lorsque l'on applique une transformation bijective, chaque point suit un cycle : par exemple, le point de coordonnées (0, 0) va en (1, 5), le point de coordonnées (1, 5) va en (3, 7) et le point de coordonnées (3, 7) revient en (0, 0) : (0, 0) est revenu à sa place au bout de trois applications de la transformation. L'appartenance à un cycle – ici de longueur 3 – est la règle générale : chaque point appartient ainsi à un cycle et à un seul. La longueur d'un cycle peut être n'importe quel nombre entier inférieur au nombre de points de l'image. L'ensemble des points de l'image se décompose donc en une liste de cycles : par exemple, l'un de longueur 3, un autre de longueur 6, un autre de longueur 15.

Il est clair que chaque point d'un cycle revient à sa place pour les images dont le numéro est un multiple de sa longueur. L'image générale revient donc exactement identique à elle-même si son numéro est simultanément un multiple de toutes les longueurs des cycles ; autrement dit, si ce numéro est un multiple du *plus petit commun multiple* (PPCM) des longueurs des cycles. Le plus petit commun multiple de 3, 6 et 15 est 30 ; donc avec notre exemple le temps de retour est 30.

Connaître le temps de retour s'obtient donc simplement en décomposant l'image en cycles et en calculant le plus petit commun multiple de la longueur des cycles trouvés. Même si le temps de retour est 1 000 milliards, quelques secondes de calcul donneront le résultat... Merveilles du raisonnement mathématique !

Mieux, grâce à la décomposition en cycles de la transformation, en quelques secondes le programme calcule l'image numéro 1001 (ou n'importe quelle autre image si grand qu'en soit le numéro) et cela sans avoir à calculer les images précédentes.

Voici le détail de la méthode, expliquée en supposant que les cycles sont comme précédemment de longueurs 3, 6 et 15.

Le calcul du reste de la division de 1001 par 3 est 2. Pour connaître la position d'un point de l'image 1001 appartenant à un cycle d'ordre 3, il suffit donc de lui appliquer 2 fois la transformation.

Le calcul du reste de la division de 1001 par 6 est 5. Pour connaître la position d'un point de l'image 1001 appartenant à un cycle d'ordre 6, il suffit donc de lui appliquer 5 fois la transformation.

Le calcul du reste de la division de 1001 par 15 est 11. Pour connaître la position d'un point de l'image 1001 appartenant à un cycle d'ordre 15, il suffit donc de lui appliquer 11 fois la transformation.

Au total, en ayant très peu appliqué la transformation – et chaque fois à quelques points –, ce calcul a donné la position de chacun des points de l'image 1001.

Dans le cas général, l'utilisation de cette idée demande une bonne organisation du calcul et le stockage des cycles en mémoire. Mais pour aller directement à une image lointaine, la méthode est incomparablement plus rapide que la méthode naïve consistant à appliquer autant de fois qu'il le faut la transformation à chaque point de l'image.

Cette décomposition en cycles permet aussi de comprendre pourquoi l'image revient proche de l'image initiale pour certaines valeurs du numéro d'image.

En effet, imaginons que le temps de retour soit très long et de la forme $2m$. Supposons qu'on s'arrête à l'image numéro m. Tout cycle possède une longueur qui est un diviseur de $2m$ (car le temps de retour est un multiple de la longueur de chaque cycle) ; s'il y a des cycles d'ordre impair leur longueur divise m et donc leurs points sont bien en place dans l'image numéro m. Dès que suffisamment de points sont en place, le contenu de l'image nous apparaît, parfois superposé à une sorte de bruit correspondant aux points qui ne sont pas revenus à leur place. L'encadré 5.6 propose des exemples de ces retours brouillés.

ENCADRÉ 5.6

Retours approximatifs et PPCM

40 000 000

48 935 982

50 000 000

98 455 872

100 000 000

La transformation du boulanger est appliquée à une image du château de Chambord de taille 240 × 160. Le logiciel a déterminé les cycles de la transformation. Ces cycles ont respectivement les longueurs 1, 4, 29, 64, 156, 157, 274, 2 183, 22 458, 13 074. Ces nombres ont pour plus petit commun multiple (PPCM) l'entier :

27 720 023 335 722 958 656

Le temps de retour à l'image initiale est donc très long ici.
À l'étape 40000000, tout est brouillé. De même aux étapes 50000000 et 100000000. À l'étape 48935982 (qui est le PPCM de 13 074, 22 458, 4) les 35 537 pixels correspondant aux cycles de longueurs 13 074, 22 458, 4 et 1 sont en bonne place. Cela représente une part importante des 38 400 points de l'image que l'on reconnaît donc parsemée de pixels mal placés qui sont dus aux points des autres cycles.
À l'étape 98455872 (PPCM de 22 458, 274, 64, 4) à nouveau un nombre important (22 801) de points sont en bonne place.

L'encadré 5.6 représente des images dont les numéros ont été choisis de façon que de nombreux points soient bien en place : les images obtenues sont ainsi des *retours approximatifs* à l'image de départ. On comprend pourquoi, lors de l'application répétée d'une transformation bijective, il n'y a pas à s'étonner de retrouver ces réminiscences partielles que nous avions déjà remarquées. Grâce à l'arithmétique des cycles, les fascinantes bizarreries des transformations bijectives d'images deviennent un peu moins mystérieuses.

La courbe de Hilbert

La dernière transformation que nous allons décrire est intéressante car elle engendre des images assez différentes des deux précédentes transformations, tout en donnant une perception concrète de ce qu'on nomme les *courbes de Peano.*

Dans un article publié en 1890 sous le titre « Sur une courbe qui remplit toute une aire plane », Giuseppe Peano (1858-1932) définit une étonnante courbe, c'est-à-dire une fonction continue qui à chaque nombre réel t entre 0 et 1 associe un point M(t) du plan. La *courbe de Peano* méritait une publication, car elle possède la propriété inattendue de passer par tous les points du carré $[0, 1] \times [0, 1]$ sans en oublier aucun – on dit qu'elle recouvre le carré –, chose qu'on pensait impossible avant sa découverte. La *courbe de Peano* possède une longueur infinie, de plus le point M(t), qui se déplace sur la courbe quand t varie, y a à chaque instant une vitesse infinie. D'ailleurs, entre deux instants distincts t et t' aussi proches qu'on veut l'un de l'autre, le point M(t) parcourt une distance infinie.

D'autres courbes du même type furent proposées plus tard et portent toutes le nom générique de *courbes de Peano*. Elles confirmèrent que l'absurdité géométrique apparente n'en était pas une, et que nous devions nous habituer à prendre au sérieux ces troublants tracés infinis que le monde mathématique autorise, sans, bien sûr, qu'ils puissent exister dans le monde réel.

Une façon de se faire une idée du parcours précis de ces courbes serait de les dessiner. C'est impossible ou, plutôt, c'est sans intérêt, car un carré tout noir est une représentation correcte du trajet d'une *courbe de Peano*. En revanche, on peut dessiner une suite de courbes C_0, C_1, C_2, …, C_n, qui convergent vers la courbe étudiée, quand n augmente. La vision de ces étapes intermédiaires donne une bonne compréhension de ce qui se passe.

L'encadré 5.7 représente les premières étapes de la construction de la *courbe de Hilbert* – définie par le mathématicien David Hilbert (1862-1943) – qui est une *courbe de Peano* particulière possédant une définition un peu plus simple que celle de Peano car basée sur un découpage binaire du carré.

L'intérêt des étapes intermédiaires de la *courbe de Hilbert* est que chaque courbe dessine un parcours fini du carré, parcours qui s'étale assez uniformément dans le carré : le trajet ne laisse inoccupée aucune zone importante ; précisément, la *courbe de Hilbert* C_n passe à moins de $1/2^n$ de chaque point du carré $[0, 1] \times [0, 1]$.

De plus, contrairement à la courbe limite qui repasse plusieurs fois par certains points (c'est inévitable pour une courbe continue qui recouvre le carré, comme l'a montré Eugen Netto en 1879), les courbes intermédiaires, elles, ne passent jamais deux fois par un même point. Autrement dit, leurs trajets ne se recoupent pas. Ce sont des méandres soigneusement agencés pour se promener un peu partout dans un carré, sans jamais revenir à un endroit déjà visité.

Suivre une telle courbe permet de passer de proche en proche par tous les pixels d'une image carrée de taille $2^n \times 2^n$ sans en oublier aucun et sans passer deux fois par le même.

La *courbe de Hilbert*, comme toute *courbe de Peano*, est une fractale car le motif utilisé pour le dessin se retrouve à diverses échelles dans le dessin : certaines parties sont semblables au tout. La *courbe de Hilbert* suit précisément un parcours qui est composé de 4 parties exactement identiques entre elles et, de plus, identiques – à échelle 1/2 – à la courbe entière. Elle est donc composée de 16 parties exactement identiques entre elles et identiques – à échelle 1/4 – à la courbe entière, etc.

La transformation fractale de Hilbert

La transformation bijective d'images de Hilbert est maintenant facile à définir.

a) On se fixe une image carrée dont le côté a un nombre de pixels qui est une puissance de 2. Par exemple $2^9 = 512$. L'image possède donc 512×512 pixels.

b) On numérote tous les pixels de cette image en suivant le parcours de la courbe intermédiaire de Hilbert. Dans notre exemple, il s'agit de C_9.

c) On convient que la transformation associée est celle qui fait passer le pixel 1 à la place du pixel 2, le pixel 2 à la place du pixel 3, ..., le pixel n à la place du pixel $n + 1$, ..., le dernier pixel revenant prendre la place du pixel 1.

ENCADRÉ 5.7

La courbe et la transformation de Hilbert

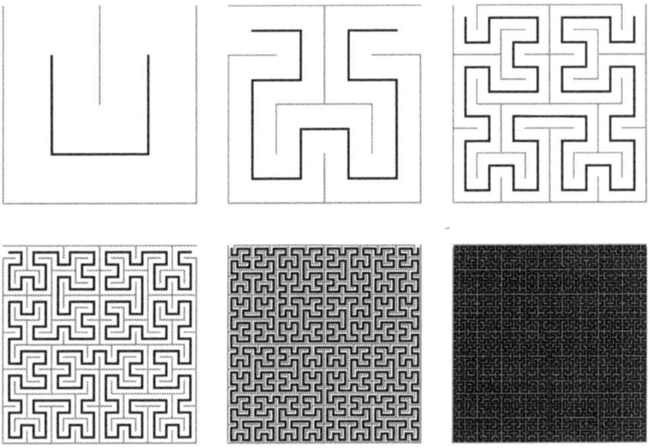

La *courbe de Hilbert* est la limite des courbes représentées ici. La courbe dessinée au milieu en haut passe par les 16 carrés en suivant un chemin sinueux qui ne revient jamais dans un carré où elle est déjà passée. La transformation de Hilbert du carré 4×4 est la transformation qui envoie le pixel 1 à la place du pixel 2, le pixel 2 à la place du pixel 3, etc. Le pixel 16 revient occuper la place du pixel 1. Pour chaque carré ayant une puissance de 2 pour côté, il y a de même une transformation de Hilbert obtenue en faisant suivre aux pixels le trajet de la courbe.

Il s'agit juste du glissement simultané d'un pixel tout le long de la courbe. Quand on applique plusieurs fois cette transformation, chaque pixel suit le trajet de la courbe. Le temps de retour est ici facile à calculer, c'est le nombre de pixels de l'image.

Le glissement déforme progressivement l'image. Lorsque le glissement est faible, l'image est simplement rendue floue, mais dès qu'il est important, l'image devient incompréhensible à l'exception de quelques étapes particulières où l'image réapparaît comme découpée pour un puzzle. C'est ce qu'on voit dans l'encadré 5.8.

ENCADRÉ 5.8

Les fantaisies fractales de Hilbert

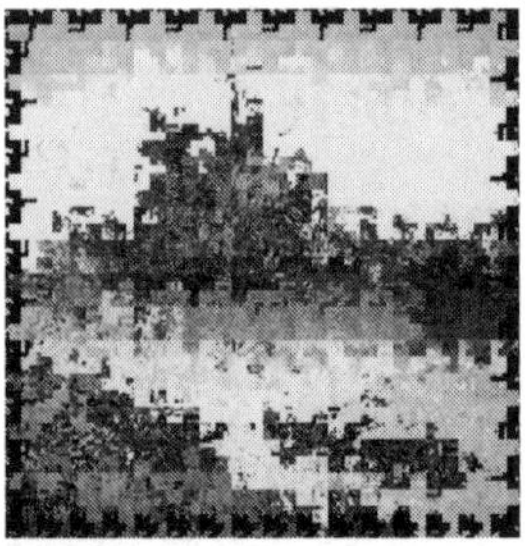

262000

262120

262140

262144

La transformation de Hilbert déforme progressivement les images. Les étapes 1, 10 et 100 sont de plus en plus brouillées, mais le motif reste apparent. Les étapes dont le numéro est une puissance de 2 contiennent des bouts de l'image initiale qui a été découpée en carrés. C'est ce que montrent les images $1024 = 2^{10}$, $4096 = 2^{12}$, $16384 = 2^{14}$ et $65536 = 2^{16}$.
Le temps de retour d'une image pour la transformation de Hilbert est exactement égal au nombre de points de l'image initiale. Dans le cas d'une image ayant 262 144 pixels (512×512), le temps de retour est donc exactement 262 144. Quelques étapes avant le retour, l'image se reconstitue.

Pour comprendre la transformation de Hilbert, on peut imaginer un grand circuit de course automobile très tortueux avec une voiture tous les dix mètres le long du circuit. On demande aux voitures d'avancer toutes à la même vitesse. Si, observées du ciel, les couleurs des voitures dessinaient une image à l'instant du départ, celle-ci se brouillerait rapidement. C'est exactement l'action de la transformation de Hilbert.

Les propriétés de la transformation de Hilbert

La transformation de Hilbert possède quelques propriétés remarquables qui en font l'intérêt. D'abord, contrairement au photomaton, elle opère une déformation progressive de l'image – ce qui n'est pas étonnant puisqu'elle est construite sur une courbe continue. Si vous l'appliquez une seule fois, cela trouble très légèrement l'image qui reste lisible malgré le léger flou. Si vous l'appliquez deux fois, c'est déjà un peu plus brouillé, et plus vous l'appliquez plus l'image devient incompréhensible. En revanche, si vous l'appliquez n fois en prenant pour n une puissance de 2 (ou même un multiple d'une puissance de 2), vous obtenez une image composée de carrés bien nets qui sont ceux de l'image initiale tournés, mélangés et retournés (c'est-à-dire résultant d'une symétrie par rapport à une droite). Plus la puissance de 2 est élevée, plus les carrés conservés sont de grande taille.

Si, par exemple, avec une image de taille 512×512, vous appliquez la transformation $256 \times 256 = 65\,536$ fois, le résultat est une image composée des 4 carrés bien nets correspondant aux carrés que donne le découpage de l'image de départ en 4 parties égales. Le carré en haut à gauche est passé en bas à gauche en même temps qu'il subissait une rotation de 90° et était retourné. Le carré en bas à gauche est passé en bas à droite sans rotation, ni retournement. Le carré en bas à droite est passé en haut à droite en subissant une rotation de 90° et un retournement. Le carré en haut à droite est passé en haut à gauche en pivotant de 180°. L'explication de cette danse complexe provient de ce que les points suivent la *courbe de Hilbert* : puisque la *courbe de Hilbert* est composée de quatre fois la même forme, lorsqu'un quart du parcours a été suivi, tous les pixels se repositionnent exactement comme au départ dans les quarts du carré initial, chacun ayant changé de carré. C'est l'autosimilarité fractale de la courbe qui explique la réapparition mélangée du dessin.

Si on applique la transformation de Hilbert $128 \times 128 = 16\,384$ fois, on obtient encore une image composée de carrés bien nets et, cette fois, il y en a 16. Comme précédemment, ils suivent la courbe qui s'est déplacée d'un seizième de sa longueur. Ils subissent des rotations et retournements selon une règle qu'avec un peu d'attention on finit par comprendre : le fait que le dessin soit retourné ou ne le soit pas dépend du sens de parcours du motif répété qui compose la *courbe de Hilbert* (voir encadré 5.8).

Figures invariantes

La question des invariants de la transformation de Hilbert est intéressante et nous allons voir qu'elle peut être résolue complètement et sans trop de mal, justement parce que la transformation provient d'une courbe. Un dessin D est invariant par une transformation T, si T(D) = D. On dit aussi que D est un point fixe de T.

Pour simplifier les choses, nous ne considérerons que des images en noir et blanc : un pixel est noir ou blanc, il n'y a ni couleur ni niveau de gris. Notons H la transformation de Hilbert.

Pour qu'une image soit invariante par H, il faut que chaque pixel, quand il se déplace sur le chemin de la courbe de Hilbert, retombe sur un pixel de la même couleur. Il faut donc que le premier pixel soit identique au deuxième, que le deuxième soit identique au troisième, etc. : tous les pixels doivent donc être identiques ! Les images invariantes par H, sont donc le carré tout blanc et le carré tout noir.

Pour H^2 (H appliqué deux fois de suite), il faut que chaque pixel après s'être déplacé deux fois retombe sur un pixel identique. L'image invariante est donc entièrement déterminée dès qu'on connaît les deux premiers pixels, et il y a donc 4 images invariantes selon que les deux premiers pixels sont blanc-blanc, blanc-noir, noir-blanc ou noir-noir.

Pour H^3, comme pour H, il n'y a que 2 images invariantes : l'image toute noire ou l'image toute blanche. Cela est dû à ce que le nombre 3 est premier avec 2^n, ce qui fait que, en sautant de 3 en 3, un point finit au bout de plusieurs tours de l'image par passer par chaque point. De manière générale, si l'exposant e est premier avec 2, il y a seulement 2 figures invariantes par H^e.

Lorsque e est une puissance de 2, $e = 2^k$, le nombre de figures invariantes par H^e parmi les images ayant m points ($m = 2^n \times 2^n$, avec n supérieur ou égal à k) est 2e. En effet, une image invariante est déterminée dès qu'on en connaît les e premiers points, car tout se passe exactement comme si l'on cherchait les différentes façons de colorier un collier circulaire de m perles noires ou blanches lorsqu'il tourne de e perles et qu'on veut que cela ne change pas le motif formé par les perles.

L'encadré 5.9 représente des motifs invariants.

ENCADRÉ 5.9

Images invariantes

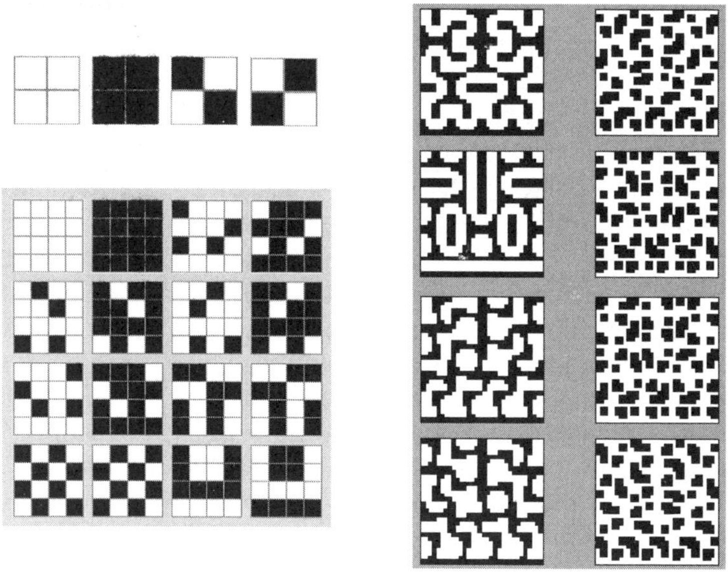

Certaines images restent identiques à elles-mêmes quand on leur applique la transformation de Hilbert et donnent d'intéressantes figures géométriques.
Il y a 4 figures invariantes pour le carré 2×2 et H^2 (la transformation de Hilbert appliquée deux fois de suite). Elles sont dessinées en haut à gauche. Il y a 16 figures invariantes pour le carré 4×4 et H^4 (en dessous) ; 8 autres figures invariantes sont dessinées en bas à droite pour le carré 16×16 et H^4.

Outils de cryptographie

Puisqu'en attendant assez longtemps l'image de départ revient, les transformations bijectives d'images brouillent le message porté par une image sans pour autant le détruire. C'est exactement ce qu'on attend d'un système cryptographique : qu'il rende apparemment illisible un message qui détiendra donc secrètement l'information. Peut-on réellement utiliser les transformations bijectives d'images pour concevoir des systèmes cryptographiques ?

Ce n'est pas certain et d'ailleurs il est clair que, d'un point de vue cryptographique, la transformation de Hilbert n'est pas excellente puisqu'elle maintient côte à côte deux pixels qui le sont sur le parcours de la courbe de Hilbert. Cette propriété limite le brouillage, même après un grand nombre d'applications de H.

En revanche, en associant la transformation de Hilbert à d'autres transformations bijectives d'images, on obtient un moyen de codage d'images assez efficace. Imaginons par exemple que nous souhaitions coder une image de taille 512×512 (on prend des images carrées dont le côté est une puissance de 2, de façon que l'on puisse utiliser la transformation de Hilbert qui exige cela).

Si l'on applique la transformation de Hilbert 3 141 fois, puis photomaton 7 fois, on obtient une image convenablement brouillée comme le montre l'encadré 5.10.

ENCADRÉ 5.10

Cryptographie

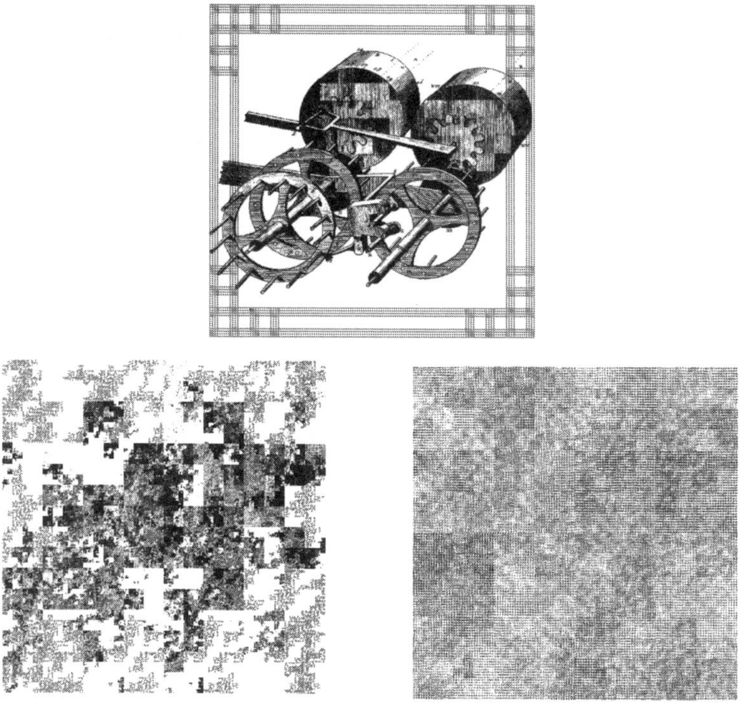

Les transformations bijectives d'images constituent une méthode de chiffrement des images numériques.
En haut au milieu, l'image initiale. Elle représente le mécanisme de la machine de Pascal tiré d'une planche de l'*Encyclopédie* de Diderot et d'Alembert.
En bas à gauche, la même image transformée 3 141 fois par la transformation de Hilbert.
En bas à droite, l'image précédente transformée 7 fois par le photomaton.
Pour déchiffrer l'image, il suffit d'appliquer photomaton – 7 fois, et Hilbert – 3 141 fois.

Si vous envoyez l'image ainsi produite à un correspondant qui connaît votre clef de brouillage (en notation abrégée : Hi3141 + Ph7), il saura reconstituer l'image. Il lui suffira de revenir en arrière et donc d'appliquer photomaton 7 fois à l'envers, puis Hilbert 3 141 fois à l'envers, que nous notons Ph – 7 + Hi – 3 141 (on reprend la liste à l'envers, et on change les signes).

Le logiciel *Transform* permet ce type de codage de manière directe : on charge l'image, on indique la clef retenue, et le calcul de l'image transformée se fait tout seul. Il permet aussi le décodage rapide en indiquant uniquement la clef de codage (donc sans avoir à déterminer soi-même la clef de décodage).

En utilisant des transformations plus variées, l'espace des clefs devient considérable, et cela rend impossible un décodage par tâtonnements sans connaissance de la clef, même pour celui qui connaît la méthode utilisée.

Stéganographie

Une autre utilisation plus intéressante encore des transformations bijectives d'images est possible, et prévue dans le logiciel *Transform* : la stéganographie.

Il s'agit de cacher un texte – ou un petit dessin – dans une image donnée en la modifiant d'une façon si discrète qu'on ne puisse même pas soupçonner que l'image modifiée contient un message caché. Avec la méthode de stéganographie que nous vous proposons, non seulement le codage dépend d'une clef qui, lorsqu'on l'ignore, rend indéchiffrable le message, mais de plus le message est si discret qu'un observateur non prévenu ne saura pas qu'il y a un message !

Voici le principe de fonctionnement de cette stéganographie par les transformations bijectives d'images.

A) Vous choisissez une image, si possible assez complexe ; par exemple avec des feuillages ou des motifs géométriques nombreux. Pour notre exemple, nous avons utilisé une image créée par Jos Leys en s'inspirant d'un motif dû au graveur néerlandais Maurits Escher.

B) Vous appliquez un certain nombre de transformations (comme pour le codage vu précédemment, avec le même système de clef).

C) Vous écrivez alors un texte ou tracez un petit dessin sur l'image brouillée. À ce point de la procédure, le texte est bien lisible, car le brouillage de l'image a créé une surface à peu près homogène sur laquelle ce que vous avez inscrit se détache clairement.

D) Vous décodez maintenant l'image créée en C avec la clef inverse de la clef utilisée pour produire l'image brouillée. Cela produit un double effet : d'une part, cela répartit les points correspondant au message un peu partout dans l'image initiale ; d'autre part, cela fait réapparaître l'image initiale dont seuls quelques pixels ont été modifiés. Les pixels modifiés sont à peu près uniformément répartis, ce qui les rend invisibles ou très peu visibles.

Vous envoyez l'image obtenue en D à votre correspondant. L'image semble parfaitement banale.

Pour prendre connaissance du message caché dans l'image à l'apparence anodine, celui-ci utilisera la clef de codage – dont vous étiez convenus avec lui. En appliquant les transformations bijectives indiquées par la clef, il brouillera l'image support, mais reconstituera le tracé que vous avez ajouté en C, qui lui sera donc transmis.

Indiquons que les méthodes de cryptographie et de stéganographie définies à partir des transformations bijectives d'images n'ont été présentées ici que pour leur intérêt récréatif. Elles doivent être considérées avec une certaine méfiance, car elles n'ont pas, pour l'instant, été soumises à des attaques sérieuses et il n'est pas certain qu'elles puissent résister longtemps à des spécialistes chevronnés de cryptologie…

ENCADRÉ 5.11

Stéganographie

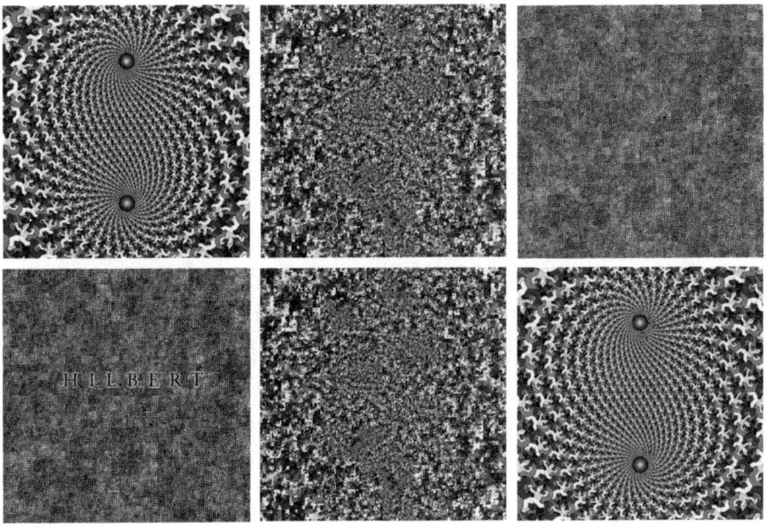

Les transformations bijectives d'images offrent un moyen de cacher discrètement du texte dans une image.
En haut à gauche, l'image initiale (une image créée par Jos Leys).
En haut au milieu, la même image transformée 3 141 fois par la transformation de Hilbert.
En haut à droite, l'image précédente transformée 7 fois par photomaton.
En bas à gauche, l'image précédente sur laquelle un message est écrit.
En bas au milieu, l'image précédente transformée – 7 fois par photomaton
En bas à droite, l'image précédente transformée – 3 141 fois par Hilbert. Cette dernière image contient, caché de manière invisible, un bout de texte secret.

Chapitre 6

Paver un plan avec des courbes

Une infinité de points donne une droite…

RÉSUMÉ. Les pavages usuels du plan par des carrés, des hexagones ou d'autres polygones réguliers ne sont pas les seuls pavages du plan… si l'on accepte de paver avec des segments de droite, des cercles ou des bouts de courbe. Trouver de tels pavages *fins* est un jeu avec l'infini non dénombrable dont les subtilités sont tout à fait inattendues et dont les résultats sont quelques merveilleuses constructions – pour le côté positif – et théorèmes d'impossibilité – pour le côté négatif.

Une droite n'a pas d'épaisseur et pourtant…

Mon premier étonnement mathématique est venu de l'affirmation par mon maître d'école du cours préparatoire que « le point est sans épaisseur et sans largeur ». Cela n'interdit pas à une droite d'être décomposable en une infinité de points, ce qu'on peut voir comme un *pavage* de la droite par des pavés infiniment fins. De son côté, le plan géométrique est recouvert par des droites deux à deux disjointes, parallèles à une même direction, droites qui pourtant sont sans épaisseur. L'espace est de son côté parfaitement rempli par des plans parallèles deux à deux disjoints, et donc se décompose aussi en une réunion de droites et bien sûr de points.

D'autres *pavages fins* moins évidents se révèlent envisageables : le plan est ainsi *pavable* par des segments de droites et l'espace par des cercles de rayon non nul. Pourtant, tout n'est pas possible et, par exemple, vous ne trouverez pas de pavage du plan par des cercles, par des Y, par des +, par des 8 ou par des H (et cela même si l'on en fait varier les formes).

Toutes ces questions et bien d'autres que nous allons envisager ici sont à la fois géométriques et topologiques. Elles constituent un jeu subtil avec l'infini et conduisent à de jolies énigmes amusantes qui sont un moyen idéal pour se faire une idée concrète – enfin presque ! – des deux infinis principaux découverts par Georg Cantor : l'infini dénombrable et l'infini du continu.

Pavages parfaits

Une droite, un plan ou l'espace sont pavés par un objet X, si, par définition, des copies de X, en nombre fini ou infini, recouvrent la droite, le plan ou l'espace, cela sans oublier de points et sans que se produisent des chevauchements.

Ceux qui parlent de pavages négligent souvent les frontières des pavés et, par exemple, quand ils disent que des carrés (pleins) de même taille pavent le plan, ils ne prennent pas en compte le fait que les côtés des carrés sont communs, c'est-à-dire qu'il y a des points du plan qui sont couverts par deux carrés distincts – les sommets du pavage, eux, sont d'ailleurs couverts quatre fois chacun. Dans les questions que nous envisagerons ici, nous serons intransigeants : nous ne parlerons de *pavage* que si les diverses copies du pavé choisi n'ont vraiment aucun point en commun et qu'absolument aucun point n'est oublié. C'est ce que nous nommerons des *pavages parfaits* (le mot *partition* est parfois employé pour désigner ces remplissages). Quelques pavages parfaits déduits des pavages réguliers du plan sont présentés à l'encadré 6.1.

ENCADRÉ 6.1

Pavages parfaits tirés des pavages réguliers du plan

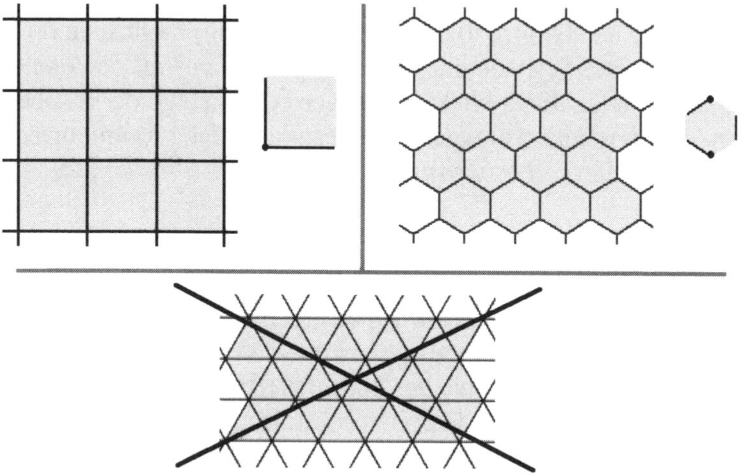

Un objet X pave parfaitement le plan, si des copies de X recouvrent le plan, cela sans que jamais deux copies de X se chevauchent et sans qu'aucun point du plan soit oublié. Les trois pavages du plan par des polygones réguliers – pavages par des carrés, par des hexagones réguliers et par des triangles équilatéraux – ne sont pas des pavages parfaits. En effet, les points des côtés sont couverts 2 fois et ceux des sommets autant de fois qu'il y a de pavés se rencontrant en un sommet : 4 pour les carrés, 6 pour les triangles, 3 pour les hexagones. Peut-on les rendre parfaits en enlevant aux pavés certains points de la frontière et certains sommets ? La réponse est positive pour les carrés et pour les hexagones, mais elle est négative pour les triangles.

Pour les carrés, on enlève trois sommets, et on enlève deux côtés. Le carré obtenu – qui est en quelque sorte nu sur deux côtés – pave parfaitement le plan. Pour l'hexagone, en ne retenant que deux sommets diamétralement opposés par pavé et en enlevant trois des six côtés on obtient une forme qui pave parfaitement le plan.

Pour le triangle, il est impossible de s'en sortir, car même si l'on ne retient qu'un sommet sur les trois, cela en fait encore trop puisque dans le pavage six triangles se rencontrent à chaque sommet.

Au fur et à mesure des questions considérées, des raisonnements de plus en plus subtils seront nécessaires qui pour certains s'appuieront sur la distinction mise en évidence par Cantor entre l'infini dénombrable et l'infini du continu (déjà rencontrée au chapitre 4). Le raisonnement qui montre qu'on ne peut pas paver l'espace par des Y, le pavage parfait de l'espace par des cercles dus à Nick Pippenger et le pavage de la sphère par des segments d'arcs semi-ouverts de même longueur sont des petites merveilles d'astuce.

Pavages de la droite

Les pavages parfaits de la droite par des segments sont faciles à énumérer ; ils nous permettront de nous faire la main.

La droite est l'ensemble des nombres réels. C'est un ensemble infini non dénombrable de points contrairement à l'ensemble des nombres rationnels qui, lui, est dénombrable (voir à l'encadré 6.2 des précisions sur les notions d'infini dénombrable et non dénombrable). Peut-on paver la droite par des segments ?

ENCADRÉ 6.2

Précisions sur le dénombrable et le continu

Pour bien comprendre les *pavages fins*, les notions d'ensemble dénombrable et non dénombrable sont importantes, et c'est même une des clefs pour le raisonnement sur le pavage du plan par des Y présenté plus loin. Un ensemble infini est dit *dénombrable* si ses éléments peuvent être numérotés par les entiers ou, ce qui revient au même, si l'on peut en faire une liste du type $a_0, a_1, a_2, a_3, \ldots$, sans oublier aucun élément de l'ensemble et sans en répéter.

Les nombres premiers et les nombres pairs constituent des ensembles infinis dénombrables. Plus intéressant, les entiers relatifs (positifs et négatifs) sont dénombrables car on en fait la liste ainsi :

$0, 1, -1, 2, -2, 3, -3, 4, -4, \ldots$

Les nombres rationnels (rapports de deux entiers comme 23/11, – 34/3) sont aussi dénombrables. On fait leur liste progressivement en plaçant tous les rationnels dont le numérateur et le dénominateur utilisent uniquement les nombres 0 et 1, puis ceux qui utilisent en plus 2 et n'ont pas déjà été cités, puis ceux qui utilisent en plus 3 et n'ont pas déjà été cités, etc. Cela donne :

0, 1, – 1, 2, – 2, 1/2, – 1/2, 3, – 3, 1/3, – 1/3, 3/2, – 3/2, 2/3, – 2/3, 4, – 4, etc.

Il est clair que ce procédé d'énumération n'oublie aucun nombre rationnel et ne mentionne chacun d'eux qu'une seule fois.

Le résultat suivant un peu plus délicat sera une clef pour résoudre le problème du pavage du plan par des Y :

si E = $\{e_0, e_1, ..., e_n, ...\}$ est un ensemble infini dénombrable, alors l'ensemble des couples d'éléments de E est dénombrable, de même que l'ensemble des triplets, des quadruplets, etc.

Pour numéroter, par exemple les triplets d'éléments de l'ensemble E = $\{e_0, e_1, ..., e_n, ...\}$, on prend d'abord tous les triplets n'utilisant que e_0 (il n'y en a qu'un (e_0, e_0, e_0)), puis tous ceux non déjà listés utilisant uniquement e_0 et e_1, puis tous ceux non déjà listés utilisant e_0, e_1, e_2, etc. À chaque étape, il n'y a qu'un nombre fini de nouveaux triplets, qu'on classe dans un ordre quelconque. La liste obtenue commence par :

$$(e_0, e_0, e_0),$$
$$(e_0, e_0, e_1), (e_0, e_1, e_0), (e_0, e_1, e_1), (e_1, e_0, e_0), (e_1, e_0, e_1), (e_1, e_1, e_0), (e_1, e_1, e_1),$$
$$(e_0, e_0, e_2), (e_0, e_2, e_0), (e_0, e_2, e_2), (e_2, e_0, e_0), \ldots$$

Aucun triplet n'est oublié, et aucun n'est cité deux fois ; l'ensemble des triplets d'éléments de E est donc dénombrable, et le procédé utilisé est clairement applicable aux quadruplets, aux quintuplets, etc.

L'ensemble des nombres réels, lui, n'est pas dénombrable ainsi que l'a démontré Cantor (voir chapitre 4, page 106). Il y a plus de nombres réels (ou de points dans une droite) qu'il n'y a de nombres entiers. L'infini des nombres réels – le continu – est plus grand que l'infini des nombres entiers (le dénombrable).

Un autre résultat – intuitivement clair et que nous ne démontrerons pas – sera indispensable dans plusieurs raisonnements :

une infinité dénombrable de parties du plan, chacune d'aire nulle, ne recouvre jamais le plan, cela car une infinité dénombrable d'ensembles d'aire nulle est elle-même d'aire nulle et ne peut donc être le plan en entier.

Ce résultat indique en particulier que si l'on veut couvrir le plan par des segments de droite, des cercles ou des formes en « Y » il faudra en utiliser une infinité non dénombrable.

Avant de répondre aux questions concernant le pavage de la droite par des segments, il faut d'abord bien distinguer les trois sortes de segments qu'on y trouve.

– Les segments *fermés* $[a, b]$ avec $a < b$. Par définition $[a, b]$ est l'ensemble des nombres réels compris entre a et b, a et b inclus.

– Les segments *ouverts* $]a, b[$ avec $a < b$. Par définition $]a, b[$ est l'ensemble des points compris entre a et b, a et b non inclus. Le segment $]a, b[$ est donc le segment $[a, b]$ dont on a ôté les points a et b.

– Les segments *semi-ouverts*. Il y en a de deux types $[a, b[$ et $]a, b]$. Par définition a est dans $[a, b[$ mais b n'y est pas, et b est dans $]a, b]$ et a n'y est pas.

Voici, par ordre de difficulté, les résultats qui concernent les pavages parfaits de la droite par des segments.

A) *On peut paver la droite par des segments semi-ouverts de même taille*. En effet, les segments de longueur unité $[n, n + 1[$ (pour n entier positif ou négatif) pavent parfaitement la droite et sont tous de même taille.

B) *On ne peut pas paver la droite par des segments ouverts, même si l'on accepte que les segments du pavage aient des longueurs différentes*. En effet, dès qu'un premier segment ouvert $]a, b[$ a été placé, il n'y a plus aucun espoir de recouvrir le point a à l'aide d'autres segments ouverts qui ne rencontreraient pas $]a, b[$ car tout segment ouvert qui contiendra a contiendra aussi des points à droite de a et donc rencontrera $]a, b[$.

C) *On ne peut pas paver la droite par des segments fermés (non réduits à un point) de même longueur*. En effet, raisonnons par l'absurde et supposons que nous disposions d'un pavage de la droite par des segments fermés de longueur L. Sans perte de généralité, on peut supposer que L = 1 (si nécessaire, on fait une homothétie) et que le pavage contient le segment $[0, 1]$ (si nécessaire, on fait une translation). L'un des autres segments de longueur 1 du pavage recouvrira le point 1,5. Notons-le $[a, b]$, $a \leq 1{,}5 \leq b$. Nécessairement $a > 1$. Mais alors les points entre 1 et a ne seront pas recouverts, car l'intervalle entre 1 et a n'est pas assez large pour y placer un intervalle de longueur 1.

D) *On ne peut pas paver la droite par des segments fermés (non réduits à un point), même si l'on accepte qu'ils aient des longueurs variées.* Le raisonnement qui conduit à cette conclusion n'est pas aussi simple que les précédents. En voici le principe. On raisonne par l'absurde en supposant qu'on a recouvert la droite par un pavage parfait de segments fermés (non réduits à un point). Chaque segment I du pavage contient un nombre rationnel (car entre deux nombres réels différents il y a toujours un nombre rationnel) r_I. Ce r_I associé à I n'est évidemment dans aucun autre intervalle du pavage. Puisque les nombres rationnels forment un ensemble dénombrable, le sous-ensemble de ceux associés aux intervalles de notre pavage forme aussi un ensemble infini dénombrable, et donc les intervalles de notre pavage sont en quantité dénombrable. On peut donc les numéroter $I_0, I_1, I_2, \ldots$ On construit alors une suite de points x_n convergente vers un point x qui n'est dans aucun segment du pavage supposé. La construction est la suivante.

– On prend pour x_0 le milieu de l'intervalle entre I_0 et I_1.

– Ensuite :

• si I_{i+1} ne recouvre pas x_i, on prend $x_{i+1} = x_i$;

• si I_{i+1} recouvre x_i, on prend pour x_{i+1} le milieu de l'intervalle libre créé à droite de x_i ou à gauche de x_i par l'introduction de I_{i+1}, cela en alternant soigneusement *droite* et *gauche*.

La suite ainsi construite est convergente et sa limite n'est dans aucun I_i.

Il est amusant de remarquer que si l'on s'intéresse à la « droite » $\mathbb{Q}$ (composée uniquement des nombres rationnels) plutôt qu'à la « droite » $\mathbb{R}$ (composée des nombres réels) tout est plus simple. Les intervalles $[\pi + n, \pi + n + 1] \cap \mathbb{Q}$ sont à la fois des intervalles ouverts et fermés, ils sont disjoints deux à deux et leur réunion donne $\mathbb{Q}$. Il en résulte que $\mathbb{Q}$ est pavable par des intervalles fermés (respectivement ouverts, respectivement semi-ouverts) de même longueur.

Alors que seuls les segments semi-ouverts pavent la droite réelle, assez étrangement, les trois types de segments pavent le plan et l'espace. Mais comme nous allons le voir, toutes sortes de difficultés nouvelles surgissent pour répondre aux questions les plus élémentaires concernant les pavages par des cercles et autres formes qu'on souhaiterait utiliser.

Les pavages fins du plan

Bien sûr, en prenant toutes les droites parallèles à une droite fixée, on recouvre le plan par des droites deux à deux disjointes : chaque point du plan appartient à une droite et une seule. Ce type de pavage parfait se généralise sans peine et on pave ainsi parfaitement le plan avec des paraboles, des sinusoïdes, et plus généralement avec des copies d'une courbe d'équation $y = f(x)$ où f est une fonction donnée quelconque de $\mathbb{R}$ dans $\mathbb{R}$. Avec $f(x) = x^2$ on a des paraboles ; avec $f(x) = \sin(x)$ on a des sinusoïdes.

Le principe de ces pavages fins est évident. Soit la courbe d'équation $y = f(x)$ où f est une fonction de $\mathbb{R}$ dans $\mathbb{R}$, définie pour tout x. En prenant la famille de courbes $y = f(x) + c$, c paramètre réel qu'on fait varier de $-\infty$ à $+\infty$, on recouvre chaque point du plan une fois et une seule.

Il s'agit de pavages fins, car aucune des courbes utilisées n'a d'épaisseur. Chaque fois, il faut une infinité non dénombrable de « pavés » (chaque courbe est un « pavé ») pour tout recouvrir. Cela résulte de ce que l'aire d'une courbe de ce type est nulle, et (ainsi que cela est rappelé dans l'encadré 6.2) qu'une réunion dénombrable d'ensembles d'aire nulle est encore d'aire nulle. Considérer une infinité non dénombrable de pavés serait gênant pour un physicien – l'infini non dénombrable n'a pas vraiment de sens en physique –, mais en mathématiques cela ne gêne personne !

Plus intéressants sont les pavages fins par des pavés de taille bornée : segments, cercles, arcs de cercle, formes en « L », formes en « + », etc.

ENCADRÉ 6.3

Pavage de la droite par des sinusoïdes

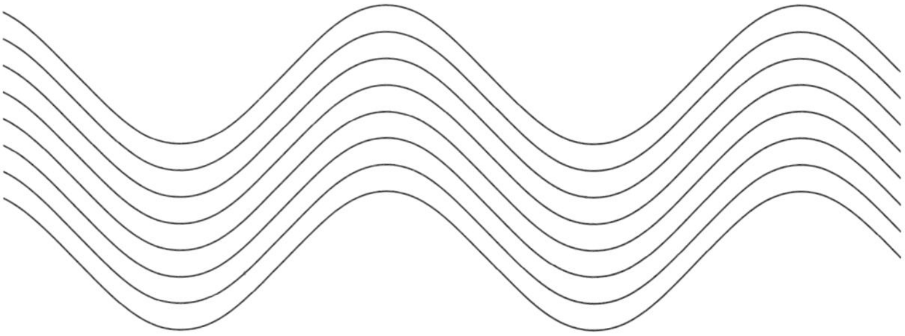

Une infinité de sinusoïdes « parallèles » constituent un pavage parfait – non dénombrable – du plan.

John Conway et Hallard Croft ont démontré en 1964 qu'il est impossible de paver le plan avec des cercles non réduits à un point (cela même si l'on accepte de faire varier leurs rayons) ou avec des segments ouverts de même longueur.

La démonstration pour les cercles consiste à supposer qu'on dispose d'un tel pavage du plan par des cercles (chacun de rayon non nul). On sélectionne alors parmi les cercles du pavage une suite infinie de cercles emboîtés C_0, C_1, ..., C_n, ... ayant respectivement pour rayon r_0, r_1, ..., r_n, ... avec $r_{n+1} < r_n/2$. On trouve ces cercles, en prenant pour C_{i+1} le cercle du pavage, à l'intérieur du cercle C_i, qui passe par son centre (il y en a nécessairement un puisque nous avons supposé que nous disposions d'un pavage parfait par des cercles). Les centres des cercles C_0, C_1, ..., C_n, ... constituent une suite convergente de points du plan de limite L, et cette limite ne peut appartenir à aucun cercle du pavage supposé donné au départ, qui n'en est donc pas un.

La démonstration s'étend sans problème à des pavages par des formes (éventuellement différentes les unes des autres et de tailles différentes) dont chacune serait une courbe fermée ou comporterait une boucle (cercle, ellipse, périmètre du carré, 8, 9, *g*, etc.) : paver le plan par des formes ayant chacune un trou est impossible.

Les résultats d'impossibilité sont intéressants, mais heureusement, on dispose aussi d'une série de résultats positifs intéressants dont certains sont inattendus et constituent d'amusants petits puzzles géométriques. Nous vous invitons à réfléchir à la série d'énigmes suivantes avant d'en regarder la solution détaillée dans l'encadré 6.4.

a) Le plan se pave parfaitement avec des segments de droite semi-ouverts de même taille.

b) Le plan se pave parfaitement avec des segments de droite fermés de même taille.

c) Le plan se pave parfaitement avec des segments de droite ouverts (de tailles variées).

Le résultat (a) est très facile. Le résultat (b) dû à Conway et Croft est astucieux et franchement étonnant. Le résultat (c) demande un peu de réflexion et de tâtonnements.

L'existence des pavages parfaits avec des formes en L, en V et des arcs de cercle *semi-ouverts* (on prend l'un des points extrêmes mais pas l'autre) est facile à établir car elle se déduit immédiatement des résultats sur les courbes $y = f(x)$ qu'on découpe en tranches.

Paver parfaitement le plan avec des formes en L, des formes en V ou des demi-cercles *ouverts* (on ne prend aucune des extrémités) est possible aussi, mais cela demande un peu d'astuce (voir l'encadré 6.5).

J'ignore quelles sont les réponses pour les formes en L, les formes en V et les demi-cercles *fermés*. Certains lecteurs pourront-ils m'aider à résoudre ces questions ?

ENCADRÉ 6.4

Pavage du plan par des segments

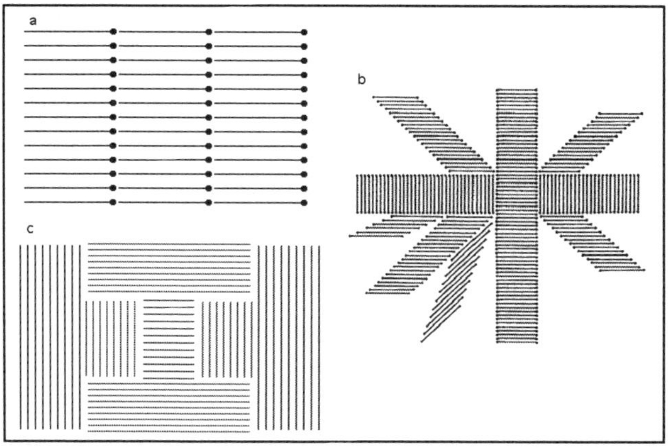

Le plan se pave (a) par des segments de droite semi-ouverts de même longueur, (b) par des segments de droite fermés de même longueur, (c) par des segments de droite ouverts ayant des longueurs différentes. Le plan ne peut pas être pavé par des segments de droite ouverts ayant tous la même longueur.

Pour réaliser les dessins, on a adopté la convention de dessiner un point noir si le point de l'extrémité appartient au segment. L'absence de point noir signifie donc que le point extrême n'est pas retenu.

a) Pour paver parfaitement le plan par des segments semi-ouverts de même taille, il suffit de paver le plan par des droites, puis de paver chaque droite par des segments semi-ouverts. Bien d'autres méthodes sont possibles.

b) Il est possible de paver le plan avec des segments fermés de même longueur. Ce pavage surprenant est dû à John Conway et Hallard Croft. Il ne semble pas possible de faire plus simple.

c) Il est possible de paver le plan avec des segments ouverts de tailles variées. Précisons que les segments les plus courts, placés horizontalement au centre, forment un rectangle sans aucun côté ni sommet : les segments du haut et du bas de la pile ne sont pas présents. Pour les petits segments verticaux, la situation est un peu plus compliquée : le segment le plus à droite de la pile de gauche est présent et celui le plus à gauche est absent et c'est l'inverse pour la pile de droite. Les petits segments horizontaux et les petits segments verticaux constituent donc un rectangle sans aucun côté ni sommet. À chaque étape de la construction infinie, les mêmes principes sont adoptés (ce qui oblige à utiliser des segments de plus en plus longs). À l'infini, on a bien recouvert parfaitement le plan par des segments ouverts.

Les pavages du plan démontrés impossibles

Une magnifique démonstration (voir les détails dans l'encadré 6.6) établit qu'il est impossible de paver le plan avec des Y (trois segments de droite se rejoignant en un point) et cela, qu'on prenne les points des extrémités ou pas.

La méthode utilise de manière essentielle un résultat classique de mathématiques divertissantes : si trois maisons M1, M2, M3 souhaitent être rattachées aux centres de distribution de l'eau C1, du gaz C2 et de l'électricité C3, sans que les conduites de raccordement se croisent, elles n'y arriveront jamais car c'est impossible.

La démonstration pour les Y se généralise sans mal, ce qui permet de savoir qu'il est impossible de paver le plan avec des formes diverses dont chacune est la réunion de trois – ou plus de trois – segments de courbes continues ne se rencontrant qu'en un point (ce qui forme une sorte d'étoile de mer). Plus généralement encore, il est impossible de paver le plan avec des pavés chacun constitué d'une réunion finie de courbes régulières, et chaque pavé possédant un point où trois courbes ou plus se rejoignent. Grâce à ces résultats, on en déduit qu'il est impossible de paver parfaitement le plan avec des +, des *, des H, des E, des F, des K, des Ç, des €, des ≠. Précisons bien que pour les pavages recherchés on n'impose pas que les pavés possèdent tous la même forme exactement.

Certaines questions simples restent cependant non résolues, dont celle-ci : peut-on paver avec des U (trois côtés d'un carré) ? La question se pose sous trois formes différentes comme pour les segments : U fermé, U ouvert ou U semi-ouvert.

ENCADRÉ 6.5

Pavages par des L et des demi-cercles ouverts

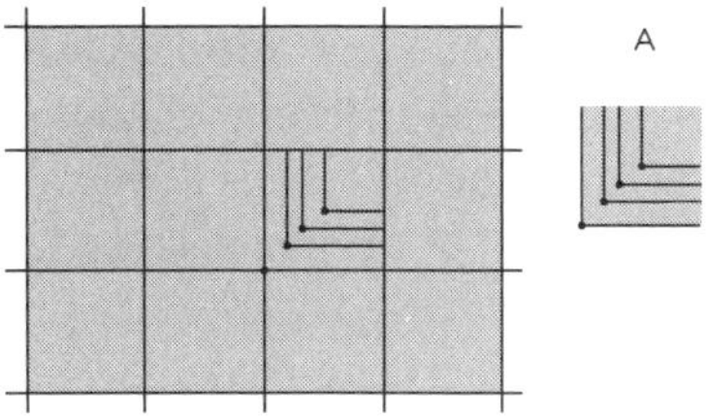

A

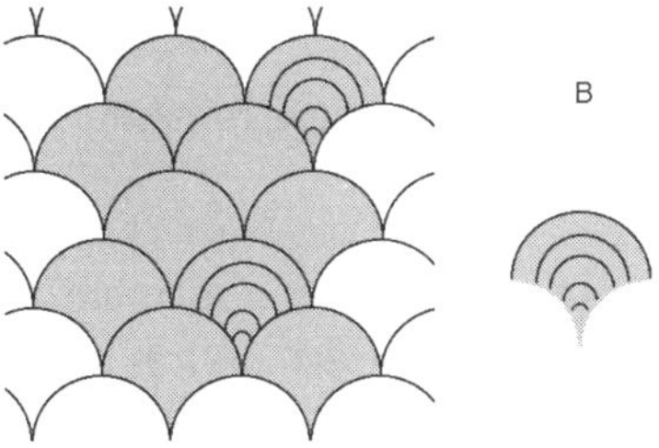

B

Le pavage parfait par des carrés pleins de l'encadré 6.1 suggère une idée pour paver le plan par des L (deux segments orthogonaux) sans les deux points extrêmes (les points au bout des branches du L sont absents, le point de jonction des deux branches est présent). Le schéma A montre la solution. Les L n'ont pas tous la même taille. En refermant l'angle du L, on obtient des pavages parfaits du plan par des V ouverts (quel que soit l'angle – positif – des deux branches).
Par déformation continue, le pavage parfait par des L conduit à un pavage parfait du plan par des demi-cercles ouverts. Le schéma B montre la solution.
Peut-on paver le plan par des L fermés ou des demi-cercles fermés ?
Peut-on imposer à tous les L ou V d'être de même taille ?

ENCADRÉ 6.6

Impossibilité de paver avec des Y : un raisonnement divertissant et cantorien

Nous détaillons le raisonnement montrant qu'il est impossible de paver parfaitement le plan avec des Y. Ce raisonnement découvert récemment par Randall Dougherty, de l'université d'État de l'Ohio aux États-Unis, demande un petit effort, mais il en vaut la peine. En effet, il utilise un résultat classique de mathématiques divertissantes (le problème des réseaux de distributions d'eau, d'électricité et de gaz) et il s'appuie sur la notion de dénombrabilité de Cantor, le tout conduisant en quelques lignes à un résultat puissant et merveilleux dont on ne voit vraiment pas comment il pourrait être obtenu autrement.

Partie 1 du raisonnement

Nous raisonnons par l'absurde en supposant que nous disposions d'un pavage parfait du plan avec des Y (une infinité bien sûr, mais nous n'imposons pas qu'ils aient tous la même forme).
Pour nous, un Y sera, par définition, la réunion de trois segments de courbes continues régulières se rejoignant en un point central et n'ayant pas d'autres points de rencontre. Voici des exemples de Y conformes à cette définition tolérante.

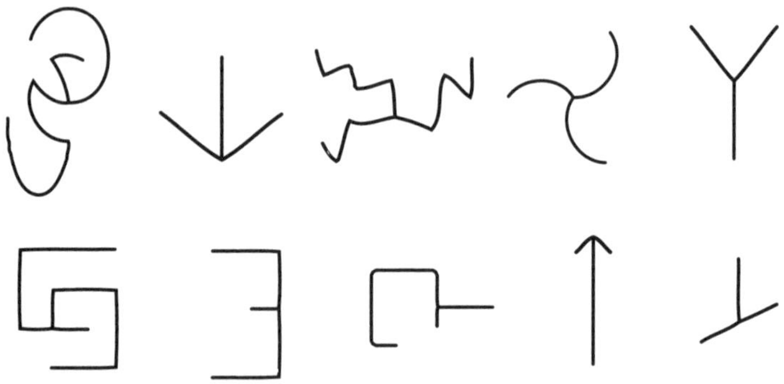

Nous ne supposons rien concernant l'extrémité des courbes : les points extrêmes au bout des branches des Y du pavage parfait peuvent être présents ou non et cela peut changer d'une branche à l'autre et d'un Y à l'autre.

À chaque Y du pavage nous associons trois cercles ayant un centre à coordonnées rationnelles et un rayon rationnel. Par exemple, centre (1/2, 45/37) ; rayon : 13/111. Cette association est faite de telle manière que chaque cercle coupe l'une des branches du Y et une seule, et que les trois cercles d'un même Y soient disjoints les uns des autres (voir le schéma). Un tel choix est possible car il y a toutes sortes de cercles à centres et rayons rationnels (rappelons qu'entre deux nombres réels, il y a une infinité de nombres rationnels).

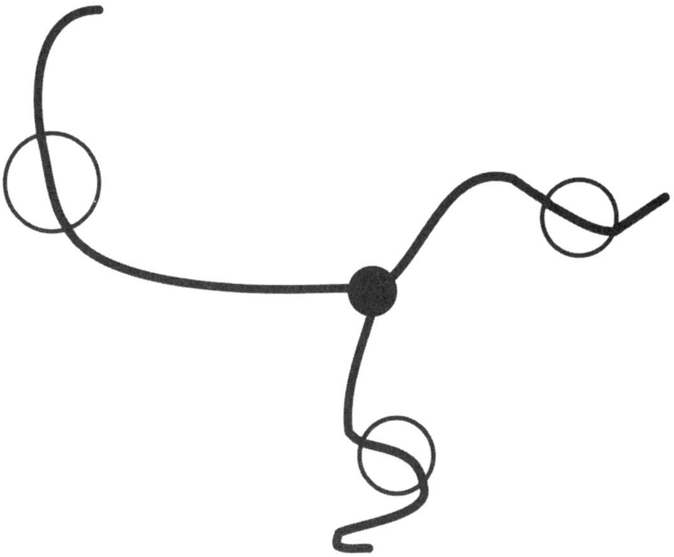

Partie 2 du raisonnement

Montrons qu'il est impossible que trois Y aient les mêmes trois cercles. Si c'était le cas, alors on serait dans la situation où trois points A B C (les centres des trois Y considérés) seraient chacun reliés par des courbes ne se croisant pas à trois points distincts (les centres des cercles communs aux trois Y). Or un tel système de jonctions entre six points ne peut pas exister. En termes techniques, c'est parce que le graphe K_{33} (deux fois trois points, reliés entre eux) n'est pas planaire. C'est une partie du théorème de Kuratowski qui caractérise les graphes planaires ; voir par exemple : http://fr.wikipedia.org/wiki/Graphe_planaire

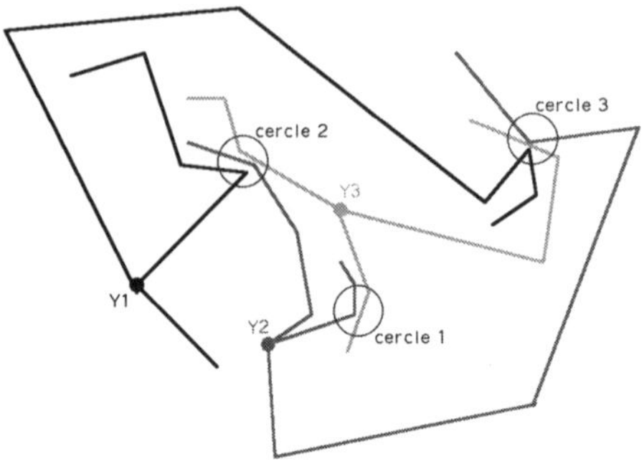

En termes non techniques, c'est le fameux problème impossible des trois maisons et des réseaux de distribution d'eau, d'électricité et de gaz : sur un terrain, il y a trois maisons qui souhaitent être rattachées aux trois centres de distribution d'eau, d'électricité et de gaz, sans aucun croisement des canalisations. C'est impossible comme on s'en persuade rapidement en faisant des petits dessins.

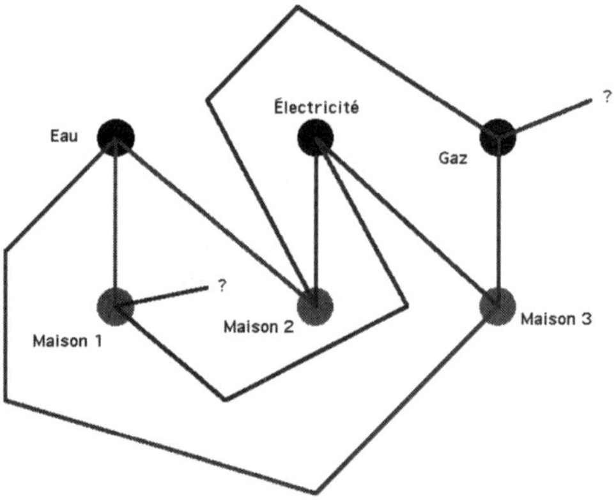

Partie 3 du raisonnement

Maintenant que nous savons que jamais trois Y du pavage parfait dont nous avons supposé l'existence ne peuvent être associés aux mêmes trois cercles, le raisonnement devient cantorien.

L'ensemble de tous les triplets de cercles rationnels (à centres et rayons rationnels) est dénombrable, car l'ensemble des nombres rationnels est dénombrable, et que l'ensemble des couples (ou des triplets, ou quadruplets, etc.) d'un ensemble dénombrable l'est (encadré 6.2). Se donner un triplet de cercles rationnels revient à se donner 9 nombres rationnels, c'est-à-dire un 9-uplets de nombres rationnels. Il existe donc une façon de numéroter tous les triplets possibles des cercles rationnels T_0, T_1, T_2, ... Tous les triplets de cercles rationnels de cette liste ne sont pas forcément des triplets associés à des Y de notre supposé pavage parfait du plan par des Y et, de plus, certains triplets peuvent être associés à deux Y différents (mais pas plus de deux, d'après la partie 2 du raisonnement). On convient de noter Y_0, le Y de notre pavage qui a comme triplet de cercles le triplet T_0, si un tel Y existe, et de noter Y_0' le second Y qui a T_0 comme triplet de cercles, s'il y en a un second. On fait de même pour T_1, T_2, ... On dispose maintenant d'une liste de tous les Y de notre pavage parfait. Elle est du type :

$$Y_0, Y_0', Y_2, Y_5, Y_5', Y_7, Y_8, Y_{10}, Y_{10}', \ldots$$

Par construction, cette liste contient chaque Y de notre pavage parfait une fois et une seule. Ces Y sont donc en quantité dénombrable. Mais cela n'est pas possible car la réunion d'une infinité dénombrable d'ensembles d'aire nulle (c'est le cas de chaque Y) forme un ensemble ayant aussi une aire nulle qui ne peut donc pas recouvrir le plan.
Il n'existe donc pas de pavage parfait du plan par des Y.

Les *pavages fins* de l'espace

Les *pavages fins* de l'espace conduisent aussi à une multitude de résultats et d'énigmes intéressantes.

Notons que, puisque l'espace peut être rempli par des plans, toutes les figures qui pavent parfaitement le plan pavent aussi parfaitement l'espace. On pave l'espace avec des segments fermés de même longueur, avec des arcs de cercle, avec des segments ouverts, avec des L ouverts, etc.

En revanche, les résultats d'impossibilité de pavages parfaits pour le plan ne se traduisent pas en résultats similaires pour l'espace : certains pavages impossibles pour le plan deviennent d'ailleurs possibles pour l'espace.

Le cas le plus étonnant est un merveilleux pavage de l'espace par des cercles. La démonstration qu'en a donnée récemment Nick Pippenger est d'une magnifique simplicité. On remarque d'abord qu'une sphère à laquelle on a enlevé deux points se pave facilement par des cercles. Puis, en arrangeant soigneusement des sphères concentriques trouées, on laisse juste la place pour quelques cercles complets supplémentaires, le tout pavant parfaitement l'espace (voir encadré 6.7). Ce pavage de l'espace de dimension 3 par des cercles permet bien sûr de paver par des cercles l'espace de dimension n pour tout n supérieur à 3.

Le pavage de l'espace par des sphères complètes (de rayon non nul) est, lui, impossible, comme on s'en rend compte en adaptant la démonstration d'impossibilité du pavage du plan par des cercles.

ENCADRÉ 6.7

Un magnifique pavage de l'espace par des cercles

Alors qu'il est impossible de paver le plan avec des cercles, cela est possible pour l'espace. Si étonnant que cela paraisse, on peut en effet décomposer l'espace en une réunion de cercles deux à deux disjoints et qui recouvrent chaque point de l'espace de dimension 3 sans en oublier un seul et sans se couper entre eux. Notons bien que, dans ces pavages de l'espace par des cercles, on n'accepte pas les cercles réduits à un point, car alors, bien sûr, ce serait trop facile : chaque cercle utilisé doit avoir un rayon non nul, fini.

Voici la méthode découverte par Nick Pippenger.

On commence par placer une infinité de cercles sur le plan Oxy. On place le cercle de rayon 1 et de centre (1, 0) qui passe par l'origine O. On ajoute toutes les versions translatées de ce cercle de 4 unités, – 4 unités, 8 unités, – 8 unités, 12 unités, – 12 unités,... dans la direction déterminée par l'axe Ox.

Cette famille de cercles possède la propriété remarquable que toute sphère centrée en O rencontre le réseau de ces cercles en deux points exactement et cela quel que soit le rayon de la sphère considérée. On a dessiné en gris les traces sur le plan xy de quelques sphères.

Il est assez facile de voir qu'une sphère à laquelle on a enlevé deux points se décompose toujours en cercles. C'est évident, si ces deux points sont diamétralement opposés, mais c'est vrai même s'ils ne le sont pas. En effet, on considère alors les deux plans tangents en ces points à la sphère ; ils se coupent selon une droite D ; on fait pivoter l'un de ces plans selon l'axe de cette droite D jusqu'à ce qu'il prenne la place de l'autre plan. Les cercles obtenus par intersection de la sphère avec le plan qui pivote pendant son mouvement sont les cercles recherchés : ils pavent parfaitement la sphère sauf les deux points de tangence.

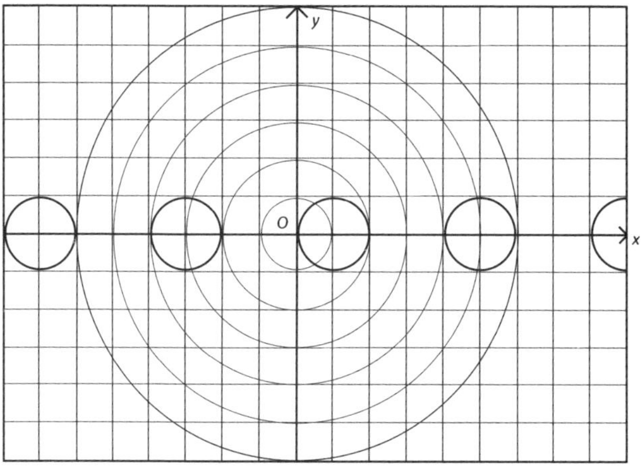

La figure représente ces cercles en noir.

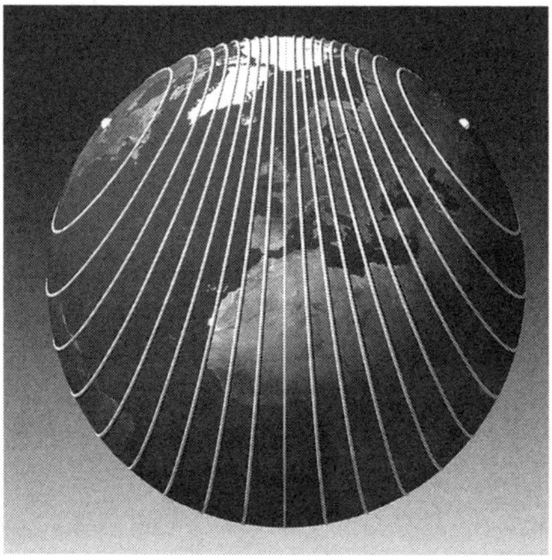

Les cercles noirs placés en premier sur le plan *Oxy*, et les cercles qu'on obtient en décomposant chacune des sphères doublement trouées et centrées sur l'origine, constituent, pris ensemble, un pavage parfait de l'espace par des cercles.
Jos Leys (http://www.josleys.com) a réalisé cette série d'illustrations qui donnent une idée du pavage de l'espace par des cercles.

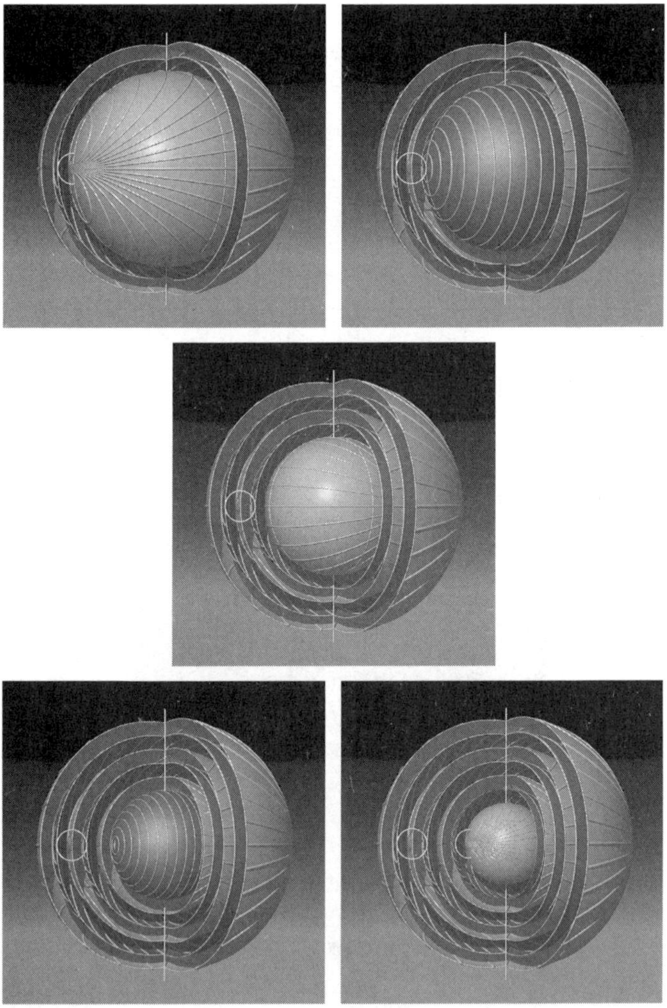

ENCADRÉ 6.8

Paver une sphère avec des arcs de cercle semi-ouverts

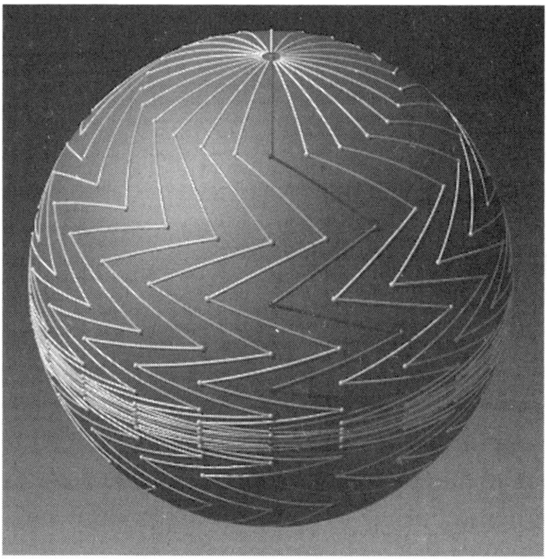

Le *pavage fin* suivant a été découvert par John Conway et Hallard Croft. Il permet de paver une sphère avec des arcs (du grand cercle de la sphère) semi-ouverts et de même longueur. C'est assez étonnant.
L'image – réalisée par Jos Leys – représente ce pavage. Elle mérite quelques explications car trois idées sont utilisées pour mettre en place ce miraculeux pavage parfait de la sphère.
– La première idée est de partir du pôle en faisant des zigzags infinis pour que les arcs utilisés couvrent chacune des moitiés de la sphère. Les arcs semi-ouverts sont disposés de telle façon que le premier arc (partant du pôle) soit ouvert du côté du pôle. Ensuite, à chaque jonction d'arcs sur un chemin vers l'équateur, on joint une extrémité ouverte d'un arc à l'extrémité fermée du suivant (cela assure qu'aucun point ne manque sur le chemin et qu'aucun point n'est couvert deux fois).
Lorsque l'on a ainsi pavé les deux moitiés de sphères, tout n'est pas correctement couvert : les pôles et l'équateur ne sont pas couverts.
– La deuxième idée est que, pour couvrir le pôle nord on retourne tous les arcs d'un des chemins en zigzag, de façon que, sur ce chemin

particulier, l'extrémité fermée du premier arc occupe le pôle nord. Pour le pôle sud, on procède de même.
– La troisième idée est que, pour couvrir l'équateur, on utilise à nouveau quelques arcs qui feront le tour. Pour que cela soit possible, il faut que les arcs utilisés aient pour longueur un diviseur du périmètre. Les arcs qui conviennent pour le pavage parfait sont ceux dont la longueur est 1/5 ou 1/6 ou 1/7, etc., du périmètre du grand cercle de la sphère.
On sait qu'il est impossible de paver la sphère par des arcs ouverts égaux. En revanche, on ne sait pas s'il est possible de paver une sphère par des arcs fermés égaux (problème analogue à celui du pavage parfait du plan par des segments fermés égaux, qui, lui, est résolu; voir encadré 6.4). Ce dernier problème de pavage de la sphère reste irrésolu depuis plus de quarante ans.

Pour terminer, citons un dernier résultat dû à Conway et Croft, dont la démonstration est joliment rusée : il existe un pavage parfait de la sphère avec des morceaux d'arcs semi-ouverts de même taille (voir encadré 6.8).

Le monde des pavages parfaits intéresse le mathématicien, car il lui montre que les idées mises en place par Cantor à la fin du XIXe siècle et donnant la maîtrise des raisonnements portant sur l'infini sont à prendre au sérieux et produisent une compréhension nouvelle du plan et de l'espace. En effet, dans cette géométrie des *pavages fins* que tout le monde peut pratiquer, l'infini – dénombrable ou non dénombrable – joue un rôle central. Il est utile aussi bien pour les résultats d'existence – tout *pavage fin* du plan exige une infinité non dénombrable de pavés – que pour les résultats d'impossibilité qui s'appuient – comme celui concernant les Y – sur des énumérations délicates d'ensembles dénombrables.

Chapitre 7

Imaginer des livres infinis

Mystérieuses pages noires et doigts mouillés ?

RÉSUMÉ. Nos livres n'ont qu'un nombre limité de pages et c'est bien dommage ! Est-il raisonnable d'envisager des livres possédant une infinité de pages ? Le mathématicien répond oui et précise que cet univers imaginaire où des livres infinis sont possibles a ses lois que – sous peine d'inconsistance – on ne choisit pas exactement comme on les rêve. Pour le mathématicien, l'infini doit être cohérent et c'est un jeu délicieux que de deviner ce qui s'y passe précisément.

Une lettre mystérieuse

Ce chapitre propose un jeu d'imagination mathématique basé sur l'infini. Son origine est une lettre reçue il y a quelques mois. Le texte de ce courrier est un récit fantastique où le narrateur – qui souhaite garder l'anonymat – évoque d'improbables livres infinis. Les détails de l'histoire ne semblent pas avoir été fixés au hasard, mais, au contraire, ils suivent une logique rigoureuse. L'énigme créée par le récit possède une solution simple et elle est exposée dans la seconde partie du chapitre. Ce conte et son interprétation permettent de rêver d'un monde extraordinaire dans lequel certains livres sont infinis… d'une infinité de façons différentes. L'univers de ces livres se conforme aux délicates subtilités de la topologie des nombres réels déjà rencontrées aux chapitres 4 et 6 et dont il aide à approfondir les subtilités.

Les collectionneurs de livres infinis

Voici le texte de la lettre reçue.

> « *Cher Monsieur,*
> *Vous sachant amateur des merveilles de la logique et des mathématiques, j'ai pensé que l'aventure singulière dans laquelle je me trouve plongé depuis quelques semaines était susceptible de vous intéresser, et peut-être de vous faire réfléchir. C'est pourquoi je vous écris cette lettre.*
> *Lors d'une expédition dans les montagnes reculées du Népal oriental, caché dans une grotte inexplorée, j'ai découvert un livre particulièrement étrange. En le feuilletant, il m'est apparu comme un objet physique incompréhensible, mystérieux et, pour le dire franchement, paradoxal : jamais, en faisant défiler ses pages, je n'arrivais à en explorer tout le contenu, car sans cesse je découvrais de nouvelles illustrations et de nouveaux textes dans l'invraisemblable et inépuisable ouvrage.*
> *De retour en Europe, après m'être informé auprès d'amis bibliophiles, j'ai compris que j'avais découvert un* infini-livre *: un livre ayant une infinité de pages. Ces livres très recherchés par une secte de collectionneurs avec laquelle je réussis à prendre contact sont fascinants – ne serait-ce qu'à cause des prix auxquels s'échangent ces objets rares et recherchés et qui donnent déjà une idée de l'infini...*
> *Non seulement ils semblent posséder une infinité de pages, mais ce qu'on sait d'eux montre qu'il existe plusieurs types d'infinis-livres dont les délicates variations attendent une explication générale que personne ne m'a encore proposée. Voici ce que j'ai pu établir à leur sujet et que je vous soumets comme un problème de logique.*
> *On sait qu'on a en main un infini-livre si l'on peut ouvrir le livre indéfiniment et toujours y découvrir de nouvelles pages jamais vues auparavant. Personne bien sûr ne peut établir définitivement qu'un livre donné possède une infinité de pages, mais on admet généralement que lorsque l'on a réussi à faire apparaître plus de dix mille pages*

différentes dans un livre dont l'épaisseur ne dépasse pas un centimètre (c'est le cas de tous les livres présentant cette propriété), c'est qu'on a bien devant soi un infini-livre. Certains collectionneurs prétendent avoir observé plusieurs millions de pages différentes dans un même ouvrage! Jusqu'à présent, une centaine d'infinis-livres ont été recensés. On pense cependant qu'il en existe bien d'autres dont l'existence est gardée secrète par ceux qui les détiennent, sans parler de ceux qui traînent sans doute dans des bibliothèques et dont personne ne soupçonne la nature extraordinaire.

Certains infinis-livres comportent des pages entièrement noires, mais le noir particulier de ces pages est si remarquablement profond et pur qu'il donne le vertige pour qui s'attarde à y fixer le regard. Ce noir exceptionnel a même reçu un nom : le noir-abîme. *On affirme que certains infinis-livres pourraient ne contenir que des pages noir-abîme, mais ce n'est pas certain et, heureusement, ce n'est pas le cas de la plupart d'entre eux. On connaît des infinis-livres dont la page du dessus – la couverture avant – est toute noire, et d'autres dont le dos est tout noir. Ces infinis-livres avec une ou deux faces noir-abîme sont particulièrement recherchés à cause de l'aspect étrange que leur confère leur couverture sombre comme la plus mystérieuse des nuits, et qui atteste au premier regard qu'ils sont différents d'un banal livre de librairie.*

Les infinis-livres découverts ont des formats variés, mais n'ont jamais une très grande taille ; comme nous l'avons déjà indiqué, leur épaisseur est toujours très proche du centimètre. Lorsqu'une page n'est pas noire, elle comporte un texte, et celui-ci est parfois accompagné d'images. Toutes sortes de langues y sont utilisées, toutes sortes de sujets semblent y être abordés et aucune règle ne régit ce qu'on découvre sur les pages imprimées de ces grimoires surabondants quand ce ne sont pas les fameuses pages noir-abîme.

Saisir une page avec un doigt mouillé

Lorsqu'un infini-livre est ouvert et qu'une page comportant un texte ou un dessin se trouve à droite ou à gauche, en mouillant légèrement le doigt et en tentant de décoller la page qui comporte le texte pour la tourner, on réussit toujours sans mal à la saisir seule et à la faire pivoter. On est certain qu'on ne saisit qu'une page parce qu'il est impossible de séparer la page soulevée en plusieurs autres pages. Les pages isolées par la méthode du doigt mouillé *sont apparemment les composants ultimes et indivisibles des livres infinis. Quand on tourne une page isolée par la méthode du doigt mouillé, on constate toujours que son recto est couvert de textes et d'images.*

Les pages couleur noir-abîme possèdent une propriété inverse. En effet, quand un paquet de feuilles montre une face noire, mouiller le doigt pour attraper une feuille unique se révèle inopérant : chaque paquet de feuilles, si petit soit-il, que vous saisirez avec la page noire se divisera à nouveau en plusieurs feuilles. Partant par exemple d'un infini-livre *dont la couverture avant est noir-abîme, on accède à un nombre illimité de pages en procédant de la manière suivante.*

– On prend une petite épaisseur de feuilles à partir du début. Cela donne un premier paquet P_1.

– On prend un début de ce premier paquet qui se sépare sans mal. Cela donne un deuxième paquet P_2 *(qui est une partie de* P_1*).*

– On prend un début de ce deuxième paquet qui se sépare sans mal à nouveau. Cela donne un troisième paquet P_3.

On continue de cette façon sans jamais rencontrer de difficulté à séparer le paquet P_n *pour en extraire un plus fin* P_{n+1}. *Cette manipulation suggère que, en poursuivant toujours, on accéderait ainsi à une infinité de pages différentes, s'approchant toujours plus de la page noire de couverture, sans pourtant jamais réussir à l'isoler.*

Les experts sont persuadés que la présence des pages noires caractérise les infinis-livres. L'accord est presque unanime entre eux pour en faire une règle :
– un livre possède une infinité de pages si, et seulement si, il possède une page noir-abîme qui est soit l'une des couvertures, soit l'une des pages intérieures, de droite ou de gauche.
Il semble que la présence d'une page noir-abîme de gauche dans un infini-livre n'implique pas la présence d'une page noir-abîme de droite (de même en intervertissant droite et gauche). Il y aurait donc trois sortes d'infinis-livres : (a) ceux possédant une ou plusieurs pages noires de gauche et aucune de droite ; (b) ceux possédant une ou plusieurs pages noires de droite et aucune de gauche ; et (c) ceux possédant à la fois des pages noires à gauche et à droite.

Combien de pages noires ?

Mon livre népalais est particulièrement rare : ses deux couvertures à la fois sont noires. Il appartient donc de manière certaine à la catégorie (c). De ce fait, sa valeur est supérieure à la valeur moyenne d'un infini-livre – pourtant proche de l'infini, comme je l'ai déjà mentionné ! J'ai pu contacter un autre heureux propriétaire d'un infini-livre ; je me suis rendu chez lui à Zurich avec mon précieux document. Pendant qu'il examinait mon trésor, j'ai manipulé l'autre infini-livre, très différent du mien.
Aucune de ses couvertures n'est noire, d'ailleurs par la méthode du doigt mouillé on peut tourner la première page, la deuxième, etc. Si l'on continue, on n'arrive jamais à la fin, et son propriétaire m'a affirmé qu'il avait ainsi pu accéder à plus de 20 000 pages consécutives différentes en partant de la première. En partant de la dernière, il a pu en tourner un nombre équivalent et, me dit-il, aucune des pages aperçues dans ce parcours à l'envers ne l'a conduit à une page déjà rencontrée dans le parcours à l'endroit. Cette expérience l'a persuadé d'être en possession d'un infini-livre. Malheureusement pour lui, il

n'a pour l'instant jamais réussi à faire apparaître une des fameuses pages noir-abîme considérées comme la marque des infinis-livres. Il ne désespère pas d'y arriver... ce qui ferait grimper l'estimation de l'ouvrage. J'avoue que je le plains un peu et que je n'accepterais pour rien au monde d'échanger mon livre contre le sien.

Malgré ses couvertures, mon livre n'appartient pas à la catégorie des infinis-livres la plus recherchée, car je n'ai pu découvrir aucune autre page noire en dehors des couvertures. Certains infinis-livres en contiennent plus de deux, et d'heureux détenteurs d'infinis-livres prétendent même que les leurs contiennent une infinité de pages noires. Le bruit court qu'il existe un infini-livre ayant l'invraisemblable propriété suivante : ni le dessus ni le dessous du livre ne sont noirs, mais chaque fois qu'on l'ouvre, on constate que soit la page de droite est noire et pas celle de gauche, soit c'est l'inverse. Un autre bruit, que cette fois peu de spécialistes prennent au sérieux, prétend qu'en ouvrant un certain infini-livre au hasard, on tombe toujours sur deux pages noires – à droite et à gauche – bien que les deux pages extrêmes – les couvertures – ne le soient pas.

Une multitude d'autres histoires circulent dans le milieu fermé et secret des collectionneurs d'infinis-livres y compris celle, cette fois totalement absurde, d'un Pakistanais qui prétend détenir un infini-livre ayant toutes les pages de gauche noires sans qu'aucune page de droite le soit.

Si vous le pouvez, je vous remercie de m'aider à éclaircir ce mystère des infinis-livres.

...

Robert Z. »

L'histoire présentée dans cette lettre semble folle. Il est impossible, pensez-vous, d'en donner une explication cohérente et complète en se fondant sur une vision rigoureuse et mathématique des infinis-livres. Les faits rapportés dans la lettre sont, pensez-vous, incohérents. Ce n'est pas le cas. Le jeu consiste à fournir une explication rationnelle et simple des observations étranges rapportées par le récit fantastique. On admettra bien sûr que les infinis-livres existent et que l'univers est mathématique, par exemple, comme l'est la droite mathématique, où, entre deux points distincts, on en trouve toujours un autre.

ENCADRÉ 7.1

Les livres infinis de Borges et de Bernadete

Jorge Luis Borges

L'idée d'un livre possédant une infinité de pages a sans doute été envisagée un grand nombre de fois. La plus ancienne trace que j'ai pu identifier est une note en bas de la page 108 du recueil de nouvelles de Jorge Luis Borges (1899-1986) intitulé *Fictions* (Gallimard, 1957). Le texte est daté de 1941. Voici cette note qui conclut la nouvelle *La Bibliothèque de Babel* dont le récit décrit un monde qui n'est qu'une immense réserve de livres.

> *« Letizia Alvarez de Toledo a observé que cette vaste Bibliothèque était inutile : il suffirait en dernier ressort d'un seul volume, de format ordinaire, imprimé en corps neuf ou en corps dix, et comprenant un nombre infini de feuilles indéfiniment minces. (Cavalieri, au commencement du* XVII*e siècle, voyait dans tout corps solide la superposition d'un nombre infini de plans.) Le maniement de ce soyeux vade-mecum ne serait pas aisé : chaque feuille apparente se dédoublerait en d'autres ; l'inconcevable page centrale n'aurait pas d'envers. »*

Une mention de livre infini se trouve un peu plus tard dans l'ouvrage de José A. Bernadete, *Infinity, An Essay on Metaphysics* (Oxford University Press, 1964). Cette mention semble indépendante de celle de Borges car le texte de Bernadete propose une description de livre infini incompatible avec celle évoquée par l'auteur argentin. Il y est question d'un livre infini dont la structure serait de type $\mathcal{A} = \{1/n\,;\, n > 0\}$ (voir encadré 7.3). L'auteur insiste sur le fait – jugé paradoxal – qu'en regardant la couverture avant du livre, aucune page ne peut en être vue, car aucune feuille n'est devant toutes les autres.

Jorge Luis Borges, sans doute hanté par l'idée d'un livre infini, y consacra quelques années plus tard un conte intitulé *Le Livre de sable* (publié dans un recueil éponyme, paru chez Gallimard en 1975). Il y évoque un livre infini dont la structure – comme pour le livre de sa note de 1941 – reste difficile à identifier. Dans la nouvelle, le détenteur du livre, gravement troublé par l'effrayante exploration de l'ouvrage, se résout à la fin de l'histoire à l'abandonner au hasard des rayons d'une grande bibliothèque publique. Voici le passage de la nouvelle où le narrateur découvre l'ouvrage chez un marchand de bibles :

> *« Il me demanda de chercher la première page. Je posai ma main gauche sur la couverture et ouvris le volume de mon pouce serré contre l'index. Je m'efforçai en vain : il restait toujours des feuilles entre la couverture et mon pouce. Elles semblaient sourdre du livre.*
> *– Maintenant cherchez la dernière.*
> *Mes tentatives échouèrent de même ; à peine pus-je balbutier d'une voix qui n'était plus ma voix :*
> *– Cela n'est pas possible.*
> *Toujours à voix basse le vendeur de bibles me dit :*
> *– Cela n'est pas possible et pourtant cela est. Le nombre de pages de ce livre est exactement infini. Aucune n'est la première, aucune n'est la dernière. Je ne sais pourquoi elles sont numérotées de cette façon arbitraire. Peut-être pour laisser entendre que les composants d'une série infinie peuvent être numérotés de façon absolument quelconque. »*

Le secret des livres infinis

Une conception simple et produisant une explication satisfaisante de tout ce qui est rapporté dans la lettre de Robert Z. est possible en adoptant le principe élémentaire et naturel suivant que nous nommerons *l'axiome des livres infinis* :

– Chaque sous-ensemble infini E de l'intervalle [0, 1] des nombres réels compris entre 0 et 1 détermine un infini-livre de même nom E. À chaque élément x de E correspond une feuille x du livre E. Si x et y sont deux éléments de E et que $x < y$, alors la feuille associée à x est placée avant la feuille associée à y dans le livre E.

Grâce à cette unique hypothèse, on imagine une grande variété de livres infinis, car à chaque sous-ensemble infini de l'ensemble des réels entre 0 et 1 sera associé un livre infini précis, aux propriétés particulières déterminées par celles de E. On déduit de l'hypothèse proposée une série de faits qui rendent parfaitement compte de ce qui est rapporté dans la lettre et donnent en conséquence une cohérence à tout son contenu à l'apparence fantasque.

Dans le livre associé au sous-ensemble E de l'intervalle [0, 1], la feuille x (pour un nombre réel x de l'ensemble E) possède deux faces, ce qui donne deux pages : la partie avant de la feuille x (le recto) est une page dont le numéro sera noté x^-, et le dos de la même feuille x (le verso) est la page numérotée x^+.

La présence et le rôle des pages noires se devinent aisément. Si l'on regarde un paquet de feuilles infini par le dessus et que l'ensemble de nombres qui lui est associé n'a pas de plus petit élément, alors ce paquet ne peut pas montrer de page particulière, car aucune page n'est devant toutes les autres. Le paquet apparaît donc *tout noir*. Cela aurait pu être *tout blanc* ou autre chose, mais on imagine que l'infinité de feuilles, du fait d'une certaine transparence du papier (inévitable puisque l'épaisseur des feuilles doit tendre vers 0), produit par superposition des contenus imprimés le fameux noir-abîme de l'histoire.

ENCADRÉ 7.2

Axiome des livres infinis, pages noires et doigt mouillé

L'axiome des livres infinis est l'affirmation suivante :

Chaque sous-ensemble infini E de l'intervalle [0, 1] des nombres réels compris entre 0 et 1 détermine un infini-livre de même nom E. À chaque élément *x* de E correspond une feuille *x* du livre E. Si *x* et *y* sont deux éléments de E tels que $x < y$, alors la feuille associée à *x* est placée avant la feuille associée à *y* dans le livre E.

Bien sûr, d'un point de vue physique, une telle hypothèse engendre des difficultés car *l'axiome des livres infinis* n'est pas compatible avec l'idée que chaque feuille a nécessairement une certaine épaisseur. Pourtant, imaginer des feuilles infiniment fines n'est peut-être pas plus absurde qu'imaginer des instants sans durée, comme on le fait sans hésitation en physique (par exemple, pour définir la vitesse instantanée d'un mobile).

Le jeu proposé dans ce chapitre est d'envisager comment pourrait se présenter le monde – et en particulier les livres qu'on y trouverait – s'il était possible de disposer de feuilles sans épaisseur.

La première chose à remarquer est que le livre infini possédant des feuilles placées à 0 cm, 1/2 cm, 2/3 cm, 3/4 cm, 4/5 cm, ... de la feuille de couverture avant n'a pas de dernière page. En l'observant de dos, fermé, la couverture avant ayant été posée sur une table, on ne verrait aucune page particulière : entre la feuille 0 et l'œil, il y a la feuille 1/2 ; entre la feuille 1/2 et l'œil, il y a la feuille 2/3 ; entre la feuille 2/3 et l'œil, il y a la feuille 3/4 ; etc. Aucune feuille n'est devant l'œil de celui qui regarde ainsi le livre.

Nous faisons l'hypothèse que le dos d'un tel livre apparaît parfaitement noir, d'un noir profond nommé *noir-abîme*. Plus généralement, lorsqu'un paquet de feuilles est tel qu'aucune des feuilles n'est placée devant toutes les autres, le paquet de feuilles apparaît noir-abîme. Deux autres idées permettent de parler avec précision des expériences que nous pourrions mener pour étudier les livres infinis : l'isolement d'une feuille par la *méthode du doigt mouillé* et l'ouverture au hasard d'un livre.

– **Saisir une feuille isolée.** Si, dans un livre infini ouvert, on découvre une page imprimée, alors en mouillant légèrement le doigt, on peut détacher la feuille correspondante du paquet sur lequel elle repose, on peut tourner la feuille et en observer le verso. De plus, la feuille ainsi isolée ne peut pas être séparée en plusieurs feuilles nouvelles.

– **Ouvrir au hasard.** L'opération d'ouverture au hasard d'un livre infini consiste à y glisser la lame d'un couteau qui détermine deux paquets de feuilles. Cela revient à choisir un nombre réel x entre 0 et 1 au hasard sans privilégier aucun nombre (c'est-à-dire selon la loi de densité uniforme sur [0, 1]), puis à ouvrir le livre de telle façon que toutes les feuilles associées à des nombres réels $y < x$ se trouvent à gauche, et toutes celles associées à des $z > x$ se trouvent à droite. Si le livre qu'on ouvre possède une feuille associée précisément à x, cette feuille se place au hasard à droite ou à gauche. L'idée implicite est que si E est un livre associé à l'ensemble E de nombres réels pris dans l'intervalle [0, 1], la feuille associée à x, un élément de E, est fixée sur la reliure exactement à x centimètres de la feuille de couverture.

À partir de ces hypothèses simples, tout l'univers des livres infinis s'offre à nos expériences et... à notre imagination.

Le paquet infini de feuilles correspondant à l'ensemble des nombres réels de la forme $1/n$ (n étant un nombre entier positif), vu de dessus, sera noir-abîme, car cet ensemble n'a pas de plus petit élément.

Examinons soigneusement le livre associé à cet ensemble infini $\mathcal{A}$:

$$\mathcal{A} = \{\ldots, 1/n, \ldots, 1/5, 1/4, 1/3, 1/2, 1\}$$

Ce livre infini particulier pourrait s'intituler $\{1/n\,;\, n > 0\}$. Quand, sans l'ouvrir, on le pose devant soi, il est noir-abîme : aucune page n'est la première. Il possède en revanche une dernière page : le recto de la feuille 1, c'est-à-dire la page 1^+ d'après les conventions adoptées plus haut.

En feuilletant le livre à partir de la dernière feuille vers le début, par la méthode du doigt mouillé, on fait défiler toutes les pages une à une sans jamais s'arrêter. On tombe successivement sur les pages 1^+, 1^-, $1/2^+$, $1/2^-$, $1/3^+$, $1/3^-$, ... D'après la lettre, toutes ces pages, sauf la couverture noire, portent des textes ou des images.

Le livre $\mathcal{A}$ est infini « du côté du début » où s'accumulent des pages dont on doit imaginer qu'elles sont de plus en plus fines. Nous négligerons la difficulté physique de concevoir des feuilles de plus en plus fines ou infiniment fines : nous avons dit que nous nous placions dans un monde mathématique !

Un livre symétrique du livre $\mathcal{A}$ posséderait un début, mais pas de fin. Ce serait le support idéal pour raconter une histoire qui se prolonge indéfiniment.

Le livre $\mathcal{A}$ ne possède qu'une page noire, c'est une page de droite, et aucune de ses pages de gauche n'est noire. Un peu de réflexion montre qu'il n'a pas de page gauche noir-abîme : c'est un livre de la catégorie (b).

Le livre $\mathcal{A}$ ne doit pas être confondu avec le même livre auquel on ajouterait une page devant toutes les autres, livre qui cette fois est associé au sous-ensemble :

$$\mathcal{A}' = \{0\} \cup \{\ldots, 1/n, \ldots, 1/5, 1/4, 1/3, 1/2, 1\}$$

Ce livre dont le titre pourrait être $\{0\} \cup \{1/n\,;\, n > 0\}$ possède une première feuille qui pivote seule si on le souhaite (en mouillant le doigt), la feuille 0. Ni la couverture avant du livre ni son dos ne sont noirs. Si on tourne la feuille 0, le livre ouvert montre, à gauche, la page 0^+, et à droite, une page noir-abîme. L'ensemble des feuilles placées dans le paquet de droite du livre ouvert est en effet l'ensemble des nombres réels $\mathcal{A}$ (celui du premier livre). Le livre $\mathcal{A}$ n'est en réalité qu'un livre $\mathcal{A}'$ dont on a ôté la feuille 0.

Infini dans l'infini

Poursuivons l'exploration des divers infinis-livres possibles. Nous allons reconnaître ceux que la lettre évoque et constater que tout dans le récit proposé est parfaitement cohérent et reçoit une explication simple grâce à *l'axiome des livres infinis.*

Quel pourrait être le livre détenu par le narrateur ?

Puisque les deux couvertures sont noires et qu'il dit n'en avoir jamais trouvé d'autres, son livre doit être associé à l'ensemble :

$$C = \{\ldots, 1/5, 1/4, 1/3, 1/2, 1 - 1/3, 1 - 1/4, 1 - 1/5, \ldots\}$$

Il y a une accumulation de feuilles au début et une autre à la fin. La feuille centrale 1/2 dont les deux faces portent des inscriptions est précédée d'une infinité d'autres et suivie d'une infinité d'autres. Les couvertures avant et arrière sont noir-abîme, mais aucune autre page noire ne pourra jamais être découverte. Son titre devrait être :

$$\{1/n\,;\, n > 1\} \cup \{1 - 1/n\,;\, n > 2\}$$

D'autres ensembles de nombres réels correspondent à cette double accumulation, mais ils sont topologiquement équivalents et donc, du point de vue de notre histoire, ils sont vraisemblablement indiscernables du livre C.

Quand on ouvre C, on tombe toujours sur deux pages, à gauche et à droite, avec du texte ou des images. Toutes les pages intérieures peuvent être tournées individuellement, aucune n'est noire.

Seuls le début et la fin changent d'un livre ordinaire. C'est un beau livre infini mais, en définitive, d'une catégorie encore simple.

Le livre examiné à Zurich apparaît plus étrange. Pourtant, ce qu'on sait de lui suggère qu'il s'agit de l'infini-livre associé à un ensemble du type :

$$\mathcal{D} = \{0, 1/2 - 1/3, 1/2 - 1/4, 1/2 - 1/5, \ldots\} \\ \cup \{\ldots, 1/2 + 1/5, 1/2 + 1/4, 1/2 + 1/3, 1\}$$

Il y a une double accumulation de feuilles au milieu exactement, à droite et à gauche du centre repéré par le nombre 1/2.

L'heureux propriétaire de ce livre $\{1/2 \pm 1/n\,;\, n > 1\}$ peut espérer voir apparaître une double page noir-abîme, s'il réussit à l'ouvrir très précisément au milieu. En opérant cette délicate manipulation, il y aura en effet à gauche toutes les feuilles correspondant aux nombres 0, 1/2 – 1/3, 1/2 – 1/4, 1/2 – 1/5, … paquet de feuilles qui apparaît noir-abîme puisque l'ensemble n'a pas de plus grand élément. Le livre ouvert au milieu, sa partie droite serait aussi toute noire puisqu'il lui correspondrait les nombres réels : …, 1/2 + 1/5, 1/2 + 1/4, 1/2 + 1/3, 1, ensemble qui n'a pas de plus petit élément.

Notons cependant que, tant qu'on n'aura pas réussi à ouvrir le livre en son centre exact, une autre hypothèse concernant le livre de Zurich restera envisageable : la feuille 1/2 y est présente et le livre est donc en réalité associé à l'ensemble :

$$\mathcal{D}' = \{0, 1/2 - 1/3, 1/2 - 1/4, \ldots\} \\ \cup \{1/2\} \cup \{\ldots, 1/2 + 1/4, 1/2 + 1/3, 1\}$$

Chose amusante, on peut imaginer fabriquer le livre du narrateur (le livre $\mathcal{C}$) à partir du livre $\mathcal{D}$ de Zurich : on coupe la reliure du livre de Zurich (en supposant que c'est $\mathcal{D}$) en deux au milieu exactement, et on recolle les deux morceaux de reliure après les avoir échangés.

Qu'en est-il des autres livres imaginables ? Considérons des sous-ensembles simples de nombres et examinons les livres associés. Quelques surprises nous attendent.

Le livre des nombres réels

Le livre $\mathcal{R}$ est celui associé à l'ensemble de tous les nombres réels compris entre 0 et 1, c'est-à-dire à l'intervalle [0, 1]. Il présente un aspect intéressant. Son dessus et son dos portent des inscriptions. En effet, 0 est le plus petit nombre de cet ensemble et il lui correspond donc une page placée devant toutes les autres ; son recto est la couverture. De même, 1 est plus grand que tous les nombres associés au livre et donc la feuille 1 est celle qu'on voit quand on observe le dos du livre qui n'a donc pas de couverture noire.

Si vous tournez la feuille du dessus (associée au nombre réel 0), vous aurez à gauche une page lisible (la page 0^+). À droite, vous verrez une page noir-abîme car il n'y a aucun nombre réel plus petit que tous les nombres réels strictement positifs.

Symétriquement, tournant toutes les pages sauf la dernière (associée au nombre réel 1), vous aurez à gauche une page noir-abîme et à droite une page lisible, la page 1^-.

Plus intéressant, en ouvrant le livre au hasard, vous constaterez toujours que :

– soit la page droite est lisible et la page gauche noir-abîme ;

– soit c'est l'inverse.

La raison de cette belle propriété du livre $\mathcal{R}$ est qu'ouvrir le livre revient à séparer l'ensemble des numéros des feuilles en deux parties P_1 et P_2 telles que tout élément de P_1 est inférieur à tout élément de P_2. De telles séparations sont toujours soit du type :

$$[0, x[\text{ et } [x, 1]$$

soit du type :

$$[0, x] \text{ et }]x, 1]$$

Dans le premier cas, on aperçoit la page x^- à droite et la page de gauche est noire. Dans le second cas, on aperçoit la page x^+ à gauche et une page noir-abîme à droite.

Rappelons que la notation $[a, b[$ désigne l'intervalle des nombres réels compris entre a et b avec a inclus et b exclu, autrement dit $[a, b[$ désigne l'ensemble des x tels que $a \leq x < b$. De même $]a, b]$ désigne l'ensemble des x tels que $a < x \leq b$.

Le livre $\mathcal{R}$ comporte une infinité de pages noires, mais jamais vous ne pouvez en voir deux à la fois. Deux pages lisibles ne sont jamais en vis-à-vis. Chaque feuille est entourée de deux pages noir-abîme : il y a beaucoup de pages imprimées, mais chacune est isolée !

Le livre des nombres rationnels

Le livre $\mathcal{Q}$ correspond à tous les nombres rationnels entre 0 et 1 (c'est-à-dire de la forme p/q avec p et q deux entiers, $0 \leq p \leq q$, $q \neq 0$). De façon inattendue, ce livre possède une apparence différente du livre $\mathcal{R}$, ce qui permettrait en pratique de les distinguer l'un de l'autre si on les avait devant soi.

Le livre $\mathcal{Q}$ a un dessus et un dessous lisibles (donc avec des textes ou des images) et quand on tourne la première feuille (la couverture) ou toutes les feuilles sauf la dernière, on fait apparaître une page noire. Jusque-là, tout se passe comme avec le livre $\mathcal{R}$. En revanche, en l'ouvrant, il y a maintenant un cas possible qui ne l'est pas avec le livre $\mathcal{R}$. Les parties gauche et droite du livre ouvert présentent parfois toutes les deux en même temps le fameux noir-abîme. Cela se produira par exemple lorsque l'on aura tourné toutes les feuilles correspondant aux nombres rationnels inférieurs à $\sqrt{2}$. En effet, à gauche, on aura toutes les feuilles des nombres rationnels inférieurs à $\sqrt{2}$ et à droite toutes les feuilles correspondant aux rationnels plus grands que $\sqrt{2}$. Le fait que le nombre $\sqrt{2}$ soit irrationnel a pour conséquence que le livre peut bien s'ouvrir de cette façon et qu'en ce cas le noir-abîme apparaît à la fois à droite et à gauche, car il n'y a pas de feuille $\sqrt{2}$.

Cette différence entre $\mathcal{R}$ et $\mathcal{Q}$ provient de ce que, dans $\mathbb{R}$, toute partie majorée admet une borne supérieure (un plus petit majorant), alors que, dans $\mathbb{Q}$, certaines parties majorées (par exemple l'ensemble des nombres dont le carré est inférieur à 2) ne possèdent pas de borne supérieure. La construction de $\mathbb{R}$ par la méthode des coupures de Richard Dedekind procède justement en ajoutant à $\mathbb{Q}$ un nouveau nombre chaque fois que l'on se trouve dans cette situation. C'est un peu comme si on partait du livre $\mathcal{Q}$ et que, chaque fois qu'il s'ouvre sur une double page noire, on introduise dans la reliure une nouvelle page pour séparer les deux pages noires ; cela jusqu'à ce qu'il ne soit plus possible d'ouvrir l'ouvrage sur une double page noire.

Un nouveau paradoxe de l'infini

La comparaison du livre $\mathcal{R}$ et du livre $\mathcal{Q}$ fait surgir une sorte de paradoxe : les pages noires qui sont la marque de l'infini dans les infinis-livres s'observeront plus fréquemment pour le livre $\mathcal{Q}$ que pour le livre $\mathcal{R}$ (qui ne peut pas s'ouvrir en montrant simultanément deux pages noires). Le livre $\mathcal{Q}$ semble donc « plus infini » que le livre $\mathcal{R}$, ce qui est contraire à la réalité. On sait en effet depuis Cantor que l'ensemble des nombres rationnels a la même taille que l'ensemble des nombres entiers (on dit que les rationnels forment un ensemble infini dénombrable, voir les chapitres 4 et 6) alors que l'ensemble des nombres réels n'est pas dénombrable et possède une taille infinie plus grande que celle de $\mathbb{Q}$, celle du *continu*.

Une propriété étonnante du livre $\mathcal{Q}$ doit être notée qui aggrave encore le paradoxe précédent. Pour la décrire, nous devons d'abord définir avec précision l'opération *ouvrir un livre au hasard*. Il semble naturel de considérer que cette opération consiste à introduire au hasard la lame d'un couteau dans l'épaisseur du livre. Plus précisément encore, nous conviendrons qu'une telle ouverture se décompose en une série de trois opérations.

a) On tire au sort un nombre réel quelconque entre 0 et 1 par un procédé uniforme qui n'en favorise aucun. En théorie des probabilités de tels tirages sont couramment envisagés et correspondent à ce qu'on nomme *la mesure de Lebesgue*. On réalise un tel tirage en lançant indéfiniment une pièce de monnaie non truquée, ce qui détermine le réel x dont l'écriture en base 2 est 0, $a_1 a_2 a_3 \ldots$ où a_i vaut 1 pour pile lors du i-ème lancer, et 0 pour face.

b) On place à gauche toutes les feuilles dont le numéro est plus petit que le x tiré, et à droite toutes les feuilles dont le numéro est plus grand que le x tiré. La lame du couteau opère cette séparation instantanément.

c) Enfin, dans le cas où x est une feuille présente dans le livre, on tire à pile ou face pour savoir si la feuille x doit être placée à droite ou à gauche. La lame du couteau se positionne alors devant x ou derrière.

Avec cette définition de l'opération *ouverture au hasard d'un infini-livre*, si vous ouvrez le livre $\mathcal{R}$ au hasard, vous aurez toujours, comme précédemment, une page noire à gauche ou à droite et une page avec des inscriptions de l'autre côté. Pour le livre $\mathcal{Q}$, cette fois avec une probabilité de 100 %, vous tomberez sur un x irrationnel (car les nombres rationnels constituent un sous-ensemble négligeable de l'ensemble des nombres réels, la probabilité de tomber dessus est donc nulle) et, en conséquence, en ouvrant le livre $\mathcal{Q}$ au hasard, les parties droite et gauche montreront le fameux noir-abîme.

À l'exception des pages extrêmes (page 0^- et page 1^+) que vous pouvez tourner par la méthode du doigt mouillé (ce qui vous permet d'en lire le dos, les pages 0^+ et 1^-), le livre $\mathcal{Q}$ ouvert au hasard ne vous montrera jamais aucune autre page portant un contenu écrit ou dessiné, alors que pourtant de telles pages existent bien dans l'ouvrage et qu'elles sont même en nombre infini ! Paradoxe extrême des livres infinis, le livre $\mathcal{Q}$ apparaît partout infini, alors qu'il l'est beaucoup moins que le livre $\mathcal{R}$ qui, lui, montre facilement ses pages couvertes de textes !

Le livre $\mathcal{Q}$ auquel on enlève les pages 0 et 1 – notons-le $\mathcal{Q}'$ – ne montre que des pages noires : ses couvertures sont noires et quand on l'ouvre au hasard on tombe toujours sur une double page noire : $\mathcal{Q}'$ semble ne contenir aucun texte et aucune image, alors qu'il en possède pourtant une infinité.

Uniquement des pages noires ?

Remarquons que les infinis-livres – tels que nous les avons envisagés – ne peuvent pas avoir que des pages noires comme l'idée en est envisagée avec scepticisme dans la lettre. D'après *l'axiome des livres infinis*, un infini-livre comporte une infinité de véritables pages et, même si l'ouverture au hasard ne permet jamais d'accéder à l'une d'elles (comme c'est le cas pour le livre *Q′*), les pages avec texte ou images existent bel et bien, et un livre ouvert précisément à l'endroit d'une de ces pages montrera du texte ou des images. Le livre *Q′* est profondément fascinant : si pour ouvrir un infini-livre on ne disposait que de la procédure de choix aléatoire (avec la lame de couteau) et de la méthode du doigt mouillé, il donnerait l'impression à qui le manipule, même durant de longues heures, d'être un livre aux pages entièrement noires et n'ayant nulle part aucun contenu imprimé ! Ce serait un livre secret, comme jamais on n'a pu en imaginer de plus secret !

Répondons maintenant à une question posée dans la lettre. La caractérisation des livres infinis admise par les experts du récit, comme « livre qui possède une page noir-abîme », est-elle correcte ? Oui, car pour qu'un sous-ensemble E de [0, 1] soit infini, il faut et il suffit qu'il existe un nombre réel, x, où s'accumulent (c'est-à-dire « se serrent de plus en plus près les uns des autres ») une infinité de nombres réels de E. En topologie, le terme de *point d'accumulation* est d'ailleurs utilisé dans cette situation. En ouvrant le livre exactement en x, on verra une page noir-abîme soit à gauche soit à droite de x.

L'idée d'un infini-livre qui aurait toutes les pages de gauche de couleur noire et aucune page de droite noire n'est pas compatible avec l'idée de livre infini résultant de l'axiome énoncé plus haut, ni même simplement avec ce qui est dit dans la lettre. En effet, en utilisant la méthode du doigt mouillé pour saisir une page de droite, on peut soulever la page et la faire pivoter (ce qui correspond au déplacement d'un nombre réel de la partie droite à la partie gauche) et, comme cela est dit dans la lettre, le dos de cette page déplacée n'est pas noir. La cohérence du modèle adopté pour les livres infinis ne permet pas tout : un infini-livre n'est pas n'importe quoi, car le monde mathématique, même s'il est ici plus généreux que le monde physique, est lui aussi soumis à des contraintes de cohérence.

Signalons, en revanche, qu'il existe un infini-livre qui, lorsqu'on l'ouvre *au hasard* par la méthode du couteau, montre toujours une page de droite noir-abîme et une page de gauche avec du texte. Sa structure topologique est un peu compliquée, nous laissons au lecteur le plaisir de la découvrir (voir le livre $\mathcal{Y}$ présenté dans l'encadré 7.3).

Le livre de Cantor

Le livre $\mathcal{T}$ associé au célèbre ensemble triadique de Georg Cantor – un des tout premiers fractals imaginés en mathématiques – est assez intéressant : quand vous l'ouvrez au hasard, vous avez toujours à gauche et à droite une page de texte et de dessins. Pourtant, derrière chacune vous trouverez toujours des pages noires. Il y a une infinité de pages noires, mais en ouvrant le livre au hasard vous ne tomberez jamais dessus (voir la définition de $\mathcal{T}$ et quelques détails sur le livre $\mathcal{T}$ dans l'encadré 7.3).

Notons que, malheureusement, un nombre fini d'observations à propos d'un livre précis ne permet jamais avec certitude de savoir quel est l'ouvrage qu'on a en main. Il faut donc – comme quand on essaie de formuler des lois physiques – se contenter d'effectuer un nombre fini d'expériences, puis formuler une conclusion sur la nature du livre détenu, conclusion qu'on acceptera temporairement tant qu'elle ne sera pas contredite par une nouvelle expérience.

Les propriétaires du livre $\mathcal{R}$, du livre $\mathcal{Q}$, du livre $\mathcal{T}$ peuvent le soupçonner, mais ils n'en auront jamais la certitude, de même que le narrateur peut imaginer après l'examen de son livre qu'il s'agit d'un livre infini de type $\{1/n, 1 - 1/n ; n > 0\}$ mais ne pourra jamais en avoir la preuve absolue.

ENCADRÉ 7.3

Quelques livres infinis et leurs représentations par Francesco De Comité

Livre $\mathcal{A} = \{..., 1/5, 1/4, 1/3, 1/2, 1\}$

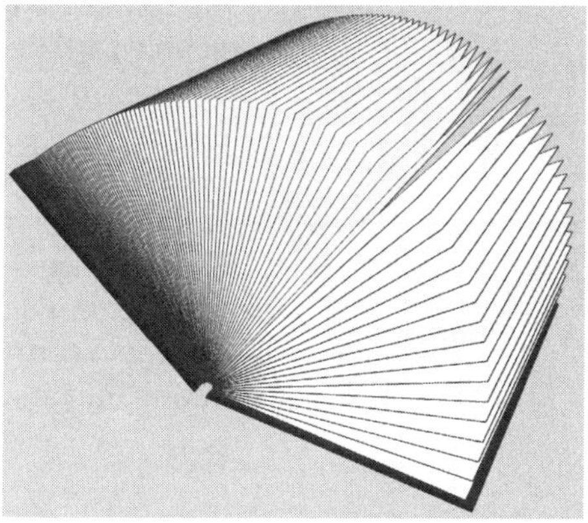

Ouvert au hasard, on tombe toujours sur une double page de texte : une à droite et une à gauche. La couverture avant est noire, et c'est l'unique page noire. Il n'y a aucune page noire à gauche. Jamais on ne peut isoler de première page : il n'y a pas de première page, et c'est l'explication de l'aspect noir de la couverture de dessus du livre $\mathcal{A}$. La structure du livre serait idéale pour raconter l'histoire d'un passé qui n'a pas d'origine : en feuilletant les pages en arrière, on accéderait au récit de temps de plus en plus reculés; la dernière feuille serait celle de l'instant présent. Un tel livre conviendrait pour l'histoire entière de l'univers « depuis » le Big Bang dont on sait qu'il n'est pas un commencement instantané, mais une limite en arrière qui n'a de sens que comme telle.

*

Livre $\mathcal{A}' = \{0\} \cup \{..., 1/5, 1/4, 1/3, 1/2, 1\}$

Les deux couvertures portent des inscriptions. Quand on tourne la couverture avant, on découvre, à droite, une page toute noire. C'est la seule. Partant de la dernière page, si l'on tourne les feuilles une à une en arrière, on n'arrive jamais à la couverture avant.

*

Livre $\mathcal{B}$ = {0, 1/2, 1 – 1/3, 1 – 1/4, …}

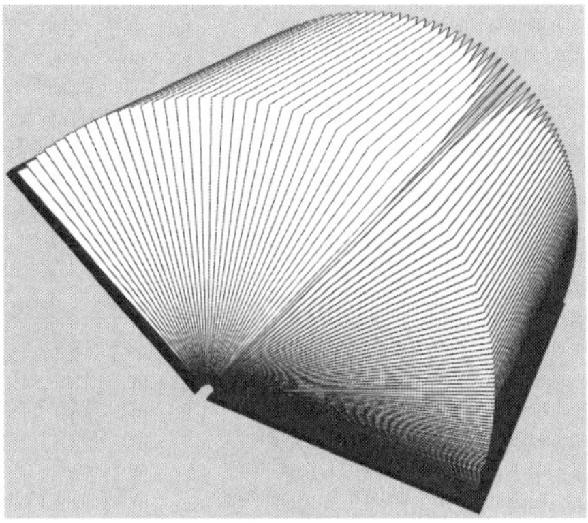

Ce livre est le symétrique du livre $\mathcal{A}$. Ouvert au hasard, on tombe toujours sur une double page de texte. La couverture arrière est noire, et c'est l'unique page noire. Il n'y a aucune page noire à droite. Jamais on ne peut isoler de dernière page car il n'y en a pas. La structure du livre lui permet de contenir un récit de science-fiction qui ne s'arrête jamais.

*

Livre C = {…, 1/5, 1/4, 1/3, 1/2, 1 – 1/3, 1 – 1/4, 1 – 1/5, …}

Il y a une accumulation de feuilles du côté de la couverture avant qui est noire, et, symétriquement il y a une autre accumulation de feuilles du côté du dos du livre, lui aussi tout noir. Ce livre n'a ni première feuille ni dernière feuille. On peut le voir comme l'assemblage des livres $\mathcal{A}$ et $\mathcal{B}$ dont on aurait collé les reliures pour n'en avoir plus qu'un.

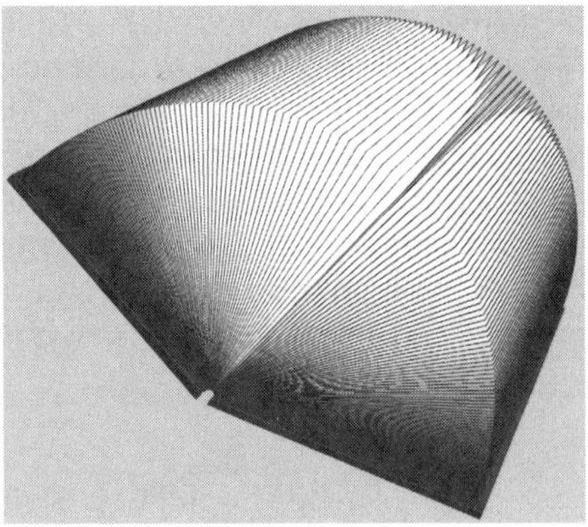

*

Livre $\mathcal{D} = \{0, 1/2 - 1/3, 1/2 - 1/4, \ldots\} \cup \{\ldots, 1/2 + 1/4, 1/2 + 1/3, 1\}$

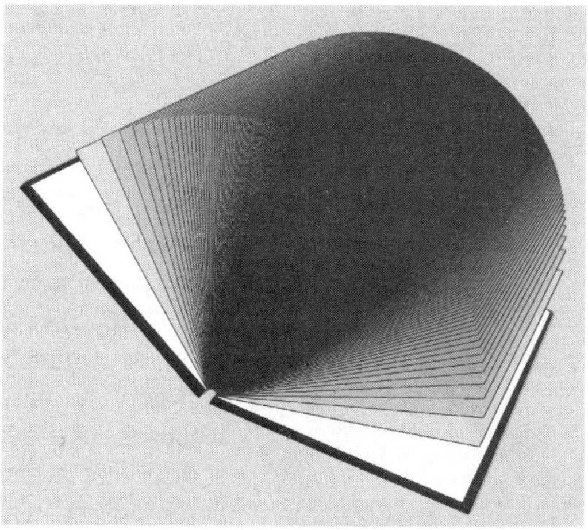

Les couvertures portent des inscriptions. En tournant les pages une à une à partir de la première, on n'arrive jamais au milieu. En partant de la fin et en tournant les pages à l'envers vers le début, on n'arrive jamais au milieu. Il y a une double accumulation de pages au milieu. En ouvrant le livre très précisément au milieu – si l'on y arrive ! – on verra une page noire à droite et une autre à gauche. On peut considérer ce livre comme l'assemblage des livres $\mathcal{A}$ et $\mathcal{B}$ dont on aurait collé les reliures pour n'en avoir plus qu'un en plaçant $\mathcal{B}$ à gauche de $\mathcal{A}$.

*

Livre $\mathcal{D}' = \{0, 1/2 - 1/3, 1/2 - 1/4, \ldots\} \cup \{1/2\} \cup \{\ldots, 1/2 + 1/3, 1\}$

Le livre est très semblable au précédent, sauf qu'en l'ouvrant au milieu la feuille 1/2 se placera à gauche ou à droite et on ne verra donc qu'une seule des deux pages noires centrales.

*

$$\text{Livre } \mathcal{F} = \{0, 1/4, 1/2 - 1/8, 1/2 - 1/16, \ldots\}$$
$$\cup \{3/4 - 1/4, 3/4 - 1/8, 3/4 - 1/16, 3/4 - 1/32, \ldots\}$$
$$\cup \{7/8 - 1/8, 7/8 - 1/16, 7/8 - 1/32, 7/8 - 1/64, \ldots\}$$
$$\cup \{15/16 - 1/16, 15/16 - 1/32, 15/16 - 1/64, \ldots\}$$
$$\cup \ldots$$
$$= \cup \{1 - 1/2^n - 1/2^m ; n, m \text{ entiers}, 0 < n \leq m\}$$

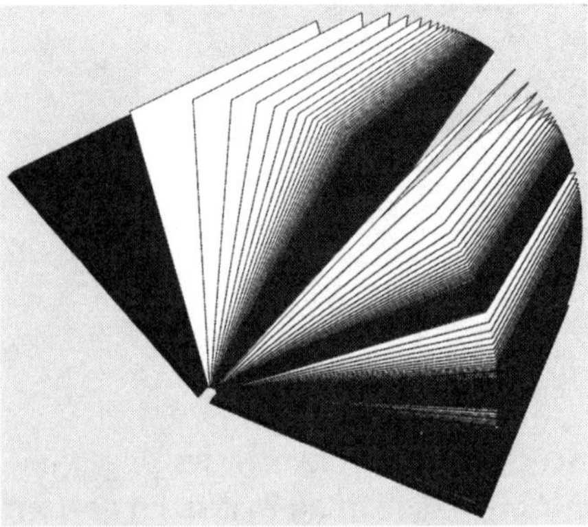

Le livre possède une infinité de pages noires de gauche (aux positions 1, 1/2, 3/4, 7/8, 15/16,...) et aucune page noire de droite. Si l'on ouvre le livre $\mathcal{F}$ au hasard, on voit toujours des pages imprimées à droite et à gauche. Après l'avoir ouvert au hasard, si l'on tourne les pages en avant, on ne tombe jamais sur une page noire. En revanche, si, après avoir ouvert $\mathcal{F}$ au hasard, on tourne les pages en arrière, au bout d'un nombre fini de mouvements, on aboutit à une page noire de gauche. Avec le livre $\mathcal{F}$, on peut écrire un roman possédant une infinité de chapitres, chaque chapitre étant lui-même infini. L'accès aux débuts des chapitres est facile : pour trouver la première page du deuxième chapitre, on ouvre au hasard le livre un peu après la position 1/2, et on tourne les pages en arrière jusqu'à tomber sur la feuille 3/4 – 1/4 = 1/2 dont le recto porte la première page du chapitre 2.

*

Livre $\mathcal{R}$

$\mathcal{R}$: ensemble des nombres réels compris entre 0 et 1 (0 et 1 inclus)

Il a deux couvertures portant du texte, car les feuilles 0 et 1 sont des feuilles du livre. Quelle que soit la façon dont vous ouvrez le livre $\mathcal{R}$, il montre d'un côté une page noire, de l'autre une page imprimée (une fois sur deux, la page noire est à droite; une fois sur deux, elle est à gauche). On ne peut donc jamais voir deux pages noires simultanément (des explications plus précises sont données dans le texte). Le nombre de pages de ce livre est infini non dénombrable. Pour numéroter les pages de ce livre, les entiers ne suffisent pas.

*

Livre $\mathcal{Q}$

$\mathcal{Q}$: ensemble des nombres rationnels entre 0 et 1 (0 et 1 inclus)

Assez semblable de loin au précédent, il en diffère cependant, car il est possible de l'ouvrir sur une double page noire (chose inconcevable avec $\mathcal{R}$). C'est ce qui se passe quand on ouvre le livre au hasard en glissant la lame d'un couteau en $\sqrt{2}$: à gauche, il y a toutes les pages associées aux nombres rationnels inférieurs à $\sqrt{2}$ (il y en a une infinité et aucun n'est plus grand que tous les autres) ; à droite, il y a toutes celles associées à des rationnels plus grands. Lorsque $\mathcal{Q}$ est ouvert au hasard, on a toujours une double page noire, car les nombres rationnels forment un sous-ensemble négligeable de $\mathbb{R}$.

Il est possible de numéroter les pages de $\mathcal{Q}$ par les nombres entiers, cependant il n'est pas possible de le faire en préservant l'ordre. Si l'on utilise une fois chaque entier pour numéroter les pages, il y aura nécessairement des pages x et y, avec x placé à gauche de y et pourtant $x > y$. C'est peut-être à cette difficulté de numérotation que pensait Borges dans le conte *Le Livre de sable* (voir l'extrait dans l'encadré 7.1). Son livre infini serait donc $\mathcal{Q}$?

*

Livre Q'

C'est le même livre que Q sauf que les feuilles de la couverture (0 et 1) ont été enlevées. Si, pour l'explorer, vous n'avez que la possibilité de l'ouvrir au hasard (par la méthode de la lame de couteau), ou d'en tourner les pages imprimées une à une par la méthode du doigt mouillé (si vous en trouvez), alors le livre vous apparaît obstinément noir et rien ne peut y être lu. Il contient une infinité de pages, mais aucune n'est accessible, absolument aucune ! Q' est un livre au contenu définitivement caché dont chaque page est enfouie parmi tant d'autres qu'aucune n'est jamais visible !

*

Livre $\mathcal{T}$ de l'ensemble triadique de Georg Cantor

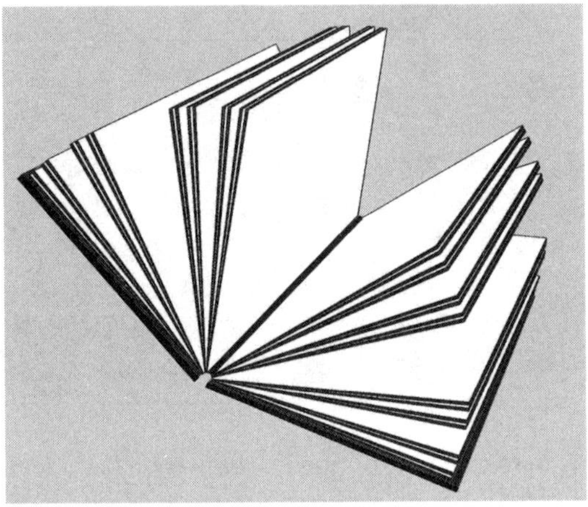

Il est composé à partir de l'ensemble triadique de Cantor. Cet ensemble est défini par le procédé suivant :
– on part de l'intervalle [0, 1] : on lui enlève le tiers médian, cela donne

$$[0, 1/3] \cup [2/3, 1],$$

– on enlève le tiers médian de chaque intervalle restant, cela donne :

$$[0, 1/9] \cup [2/9, 1/3] \cup [2/3, 7/9] \cup [8/9, 1],$$

etc.

À la limite, on obtient un ensemble infiniment mince – de mesure nulle – mais quand même non dénombrable. On démontre que c'est l'ensemble des nombres réels dont l'écriture en base 3 n'utilise pas le 1.
Quand on ouvre au hasard le livre $\mathcal{T}$, le x trouvé est nécessairement en dehors de $\mathcal{T}$ (car $\mathcal{T}$ est de mesure nulle), et donc il y a une page de texte à droite et une autre à gauche. En tournant l'une ou l'autre de ces pages, on fait apparaître une page noire. Le livre $\mathcal{T}$ ne s'ouvre jamais au hasard sur une page noire (contrairement à $\mathcal{R}$ ou $\mathcal{Q}$), mais les fameuses pages noires ne sont jamais loin puisqu'il suffit juste de soulever la page

de droite ou celle de gauche en mouillant le doigt pour être certain d'en voir une. Tout se passe comme si ce livre était composé de paires de feuilles, chaque paire étant isolée des autres.
Chacun à sa façon, les livres $\mathcal{Q}'$, $\mathcal{R}$ et $\mathcal{T}$ sont des livres paradoxaux.
– Le livre $\mathcal{Q}'$ semble ne contenir aucune page imprimée, alors que, pourtant, il en a une infinité.
– Le livre $\mathcal{R}$ semble n'être composé que de feuilles imprimées solitaires. Chaque feuille de texte est entourée de deux pages noires qui isolent les textes du livre qui se trouvent donc tous déconnectés les uns des autres.
– Le livre $\mathcal{T}$ semble de son côté n'être composé que de paires de feuilles isolées : chaque ouverture au hasard de $\mathcal{T}$ donne accès à une telle paire, entourée de pages noires. $\mathcal{T}$ est une sorte de $\mathcal{R}$ dont chaque page a été dédoublée... alors que, pourtant, il a moins de pages que le livre $\mathcal{R}$ (puisque l'ensemble triadique de Cantor est un sous-ensemble de $\mathbb{R}$) !

*

Le livre Υ de Roland Yéléhada

Le livre de Roland Yéléhada possède l'étrange propriété suivante : chaque fois qu'on l'ouvre au hasard, on découvre une page noire à gauche et une page imprimée à droite : toujours le noir-abîme à gauche, toujours du texte à droite ! Il existe bien sûr un symétrique Υ' du livre Υ qui, chaque fois qu'il est ouvert au hasard, montre une page noire à droite et une page imprimée à gauche.

La structure de Υ est un peu compliquée, mais vu l'intérêt remarquable qu'il possède pour un bibliothécaire ou un collectionneur – mental – de livres infinis, l'effort mathématique nécessaire à la compréhension de l'agencement de ses pages n'est pas vain. Voici la description du livre Υ.

On considère l'opération qui partant du livre Υ_0 ne comportant que les deux feuilles 0 et 1, y ajoute les feuilles $1/2 - 1/4$, $1/2 - 1/8$, $1/2 - 1/16$, $1/2 - 1/32$, etc. Cela donne le livre Υ_1. Si l'on ouvre le livre Υ_1 en un point x de la moitié $]1/2, 1]$, on aura une page noire à gauche et une page imprimée à droite.

Le passage du livre Υ_1 au livre Υ_2 se fait en ajoutant entre chaque paire de feuilles consécutives de Υ_1 des feuilles selon le schéma utilisé pour ajouter des feuilles entre les pages 0 et 1.

On ajoute donc entre 0 et 1/4 les feuilles $1/8 - 1/16$, $1/8 - 1/32$, $1/8 - 1/64$, etc. De même, on ajoute des feuilles entre les feuilles $1/2 - 1/4$ et $1/2 - 1/8$. Cela a pour effet que pour la moitié des points x de l'intervalle $[0, 1/2]$ une ouverture du livre Υ_2 en x conduit à une page noire à gauche et une page imprimée à droite. Pour l'intervalle $]1/2, 1]$ rien n'a changé. Le livre Υ_2 a donc une structure telle que 3 fois sur 4 quand on l'ouvre au hasard, on tombe sur une page noire à gauche et une page imprimée à droite.

On recommence l'opération d'ajout de feuilles à Υ_2 en respectant le même schéma (chaque fois qu'il y a deux feuilles consécutives a et b, $a < b$, on ajoute toutes les feuilles $(a + b)/2 - (b - a)/4$, $(a + b)/2 - (b - a)/8$, $(a + b)/2 - (b - a)/16$, etc.). Le livre Υ_3 qui en résulte a la propriété qu'en l'ouvrant au hasard, 7 fois sur 8, on tombe sur une page noire à gauche et une page imprimée à droite.

On définit de la même manière les livres Υ_4, Υ_5, ... Le livre limite Υ (celui qui possède toutes les feuilles qu'on a ajoutées d'étape en étape) est tel qu'avec une probabilité de 100 % l'ouvrir au hasard fait découvrir une page noire à gauche et une page imprimée à droite.

Il est assez facile de voir que le livre Υ possède une infinité dénombrable de pages.

Un autre livre Υ'' ayant la même propriété que Υ (ouvert au hasard, on verra toujours une page noire à gauche et du texte à droite) se définit en partant du livre $\mathcal{T}$ associé à l'ensemble triadique de Cantor. On prend $\mathcal{T}$ et on l'ouvre au hasard, chaque fois on tombe au centre de deux pages de texte, dont on arrache la feuille gauche, découvrant alors une page noire. On recommence l'opération tant qu'il reste des doubles pages. Le livre obtenu à la fin de ce travail infini possède bien la propriété recherchée.

Quelles informations dans un livre infini ?

Disposer de livres infinis est-il utile ? Que peut-on écrire dans un livre infini ? Tous les livres infinis sont-ils équivalents du point de vue de l'information qu'on peut y faire tenir ? Il s'agit là d'une série de questions dont les réponses dépendent d'une autre question que nous n'avons pas abordée pour l'instant :

– Que peut-on écrire sur une page de livre dans ce monde mathématique que nous avons supposé le nôtre pour l'aventure des livres infinis ?

Quatre hypothèses doivent être envisagées, que seule une soigneuse expérimentation permettrait de départager (si nous étions dans ce monde imaginaire auquel les mathématiciens croient et que les physiciens utilisent sans vergogne en faisant mine de ne pas y croire). L'infini que Cantor nous a dévoilé possède une subtile richesse, et jouer avec lui demande parfois un peu d'attention.

Voici décrites avec quelques détails les quatre conceptions du contenu possible d'une page et quelques conséquences qui en découlent pour nos infinis-livres.

Hypothèse d'un contenu limité par page

La première hypothèse – la plus simple – est la suivante :

Le nombre de caractères d'une page est limité une fois pour toutes ainsi que le nombre de pixels par page.

Par exemple : chaque page contient au plus 4 000 caractères et son nombre de pixels est l'équivalent d'une image informatique de taille 4000×6000.

Sous une telle hypothèse, il n'y a qu'un nombre fini de pages différentes possible. En conséquence, dans un livre infini l'une des pages au moins est répétée infiniment. Les livres infinis ne sont pas très utiles, car un livre fini ayant un assez grand nombre de pages suffirait à ce qu'on puisse tout y trouver !

De nombreux livres infinis contiendront un exemplaire au moins de chaque page possible. On pourrait les nommer *livres universels* : tout ce qu'il est possible d'écrire sur une page se trouve quelque part dans un livre universel. En lisant un tel livre, vous y trouvez la *Bible*, l'*Encyclopédie* de Diderot et d'Alembert, *Les Misérables*, *La Princesse de Clèves*, *Éléments d'histoire des mathématiques* de Bourbaki, les œuvres complètes de Simenon, le programme de télé de la dernière semaine de l'année 2052, etc.

Bien sûr, s'orienter dans un livre universel ne sera pas très facile, à moins que les pages n'y soient soigneusement classées selon un ordre logique (comme cela semble le cas des livres dans la nouvelle *La Bibliothèque de Babel* de Borges). Puisqu'un seul livre universel contiendrait toutes les pages possibles (et donc tous les livres possibles), l'utilité des autres livres infinis deviendrait incertaine. C'est peut-être le sens de la note de Borges de 1941 (voir encadré 7.1).

Toujours sous l'hypothèse d'un contenu limité par page, il y aurait un livre infini spécialisé donnant la totalité des décimales de π : il en contiendrait la table exhaustive, à raison par exemple de 1 000 décimales par page selon la structure du livre $\mathcal{B} = \{1 - 1/n\,;\, n > 0\}$.

On serait en revanche ennuyé pour un livre sur les nombres premiers, car la taille des nombres premiers croît sans limites. Le contenu limité de chaque page interdirait au-delà d'une certaine taille d'écrire un nombre premier par page. On s'en sortirait cependant en découpant les nombres premiers trop longs et en les imprimant sur plusieurs pages consécutives avec un symbole convenu indiquant que l'on passe d'un nombre premier au suivant.

Grâce au livre $\mathcal{F}$, qui est divisé en une infinité de chapitres ayant chacun une infinité de pages, on pourrait disposer d'un livre qui indiquerait la valeur exacte, en notation décimale, de tous les nombres algébriques (à raison d'un par chapitre). En effet, ces nombres ($\sqrt{2}$, le nombre d'or, etc., les racines de l'équation $X^7 - X^5 + X^3 - X = 17$, etc.), qui sont les solutions des équations polynomiales à coefficients entiers, forment un ensemble infini dénombrable. On peut donc les numéroter a_0, a_1, a_2, a_3, ... et réserver un chapitre infini du livre $\mathcal{F}$ à chacun d'eux.

Hypothèse des pages au contenu fini mais non borné

La deuxième hypothèse envisageable ressemble à la première, mais doit cependant en être soigneusement distinguée. Je ne sais pas d'ailleurs si les physiciens (de notre monde réel) savent avec précision dire laquelle des deux premières hypothèses ils préfèrent. Voici cette deuxième hypothèse :

La taille des caractères ou le nombre de pixels de chaque page est fini(e), mais varie et n'est pas limité(e) à l'avance.

Certaines pages contiennent par exemple 1 000 caractères, d'autres 10 000, d'autres 100 000, etc. De même, si l'on considère les pixels des images.

Le nombre de pages différentes possibles est maintenant infini : aucun livre fini ne peut plus prétendre à l'universalité. Il y a précisément une infinité dénombrable de pages possibles. Un livre infini peut, sous cette deuxième hypothèse, ne pas contenir de page répétée.

Cette règle d'un contenu « fini non borné » permet toutefois l'existence de livres universels. Un livre universel, contenant toutes les pages possibles et qui ne contiendrait pas deux fois la même, serait le livre parfait ultime. Il rendrait vains tous les autres !

Les livres ayant une infinité non dénombrable de pages – comme le livre $\mathcal{R}$ ou le livre $\mathcal{T}$ de l'ensemble triadique de Cantor – posséderaient nécessairement des pages répétées une infinité de fois.

La table complète des nombres premiers tiendrait sur les pages du livre $\mathcal{B} = \{1 - 1/n\,;\ n > 0\}$ en écrivant un nombre premier par page (ce qui est maintenant possible, car il n'y a pas de limite fixée à l'avance du nombre de caractères qu'on peut inscrire sur une page donnée). Pour la table de tous les nombres algébriques, à nouveau la structure du livre $\mathcal{F}$ s'imposerait naturellement.

Hypothèse des pages au contenu infini dénombrable

La troisième hypothèse suppose de l'infini sur chacune des pages considérées individuellement.

Sur chaque page, on peut écrire une infinité dénombrable de symboles ou de pixels.

Cela serait envisageable, par exemple, en utilisant des lettres de plus en plus petites : le premier symbole aurait une hauteur de 1 cm, le deuxième 1/2 cm, le troisième 1/4 cm, etc. Sur une page de ce type, il y a la place pour une infinité de symboles… qui ne sont accessibles au lecteur que si celui-ci dispose d'un microscope au pouvoir grossissant illimité.

Le nombre de pages différentes possibles est bien sûr infini, mais maintenant l'ensemble des pages possibles est un ensemble possédant le cardinal du continu. En effet, les listes infinies de symboles pris dans un ensemble fini (celui des caractères, ou celui des couleurs possibles pour les pixels d'une image) constituent un infini du même type que l'infini des développements illimités binaires, c'est-à-dire l'infini des nombres réels, le *continu*.

L'existence de livres universels est encore possible, mais ils devront maintenant utiliser une structure leur conférant un nombre infini non dénombrable de pages (le livre $\mathcal{R}$ conviendrait, ainsi que $\mathcal{T}$).

Une seule page suffit pour la liste des décimales de π, ou pour la liste exhaustive des nombres premiers. Le livre $\mathcal{B} = \{1 - 1/n\,;\, n > 0\}$ suffit pour l'écriture exacte de tous les nombres algébriques. On peut d'ailleurs maintenant faire bien mieux : un livre qui contient l'écriture décimale de tous les nombres réels entre 0 et 1. Pour obtenir cette table définitive des nombres, il suffit d'imprimer sur le recto de la page x du livre $\mathcal{R}$ le développement décimal de x, ce qui laissera le verso de la page x pour y inscrire des informations plus intéressantes.

Hypothèse de pages aux tracés infiniment fins

La dernière hypothèse que nous envisageons revient à considérer que chaque page est un continu à part entière.

Sur une page, on peut dessiner infiniment finement.

Autrement dit, une page est comme un morceau du plan mathématique et, si elle est imprimée en noir et blanc, elle est assimilable à un sous-ensemble quelconque du carré $[0,1] \times [0,1]$.

Comme les sous-ensembles possibles de $[0,1] \times [0,1]$ sont en quantité plus grande que le nombre de points du continu (c'est là un résultat de Cantor), aucun livre universel n'existe dans un monde conforme à cette quatrième hypothèse.

On évite facilement que deux pages d'un livre – quelle qu'en soit la structure – ne soient identiques. Il suffit par exemple, sur la page $x-$, de tracer un trait de longueur x (c'est possible maintenant) et un signe –, et sur la page $x+$ un trait de longueur x et un signe + : même dans le cas de livres possédant une infinité non dénombrable de pages, aucune ne sera identique à une autre.

Une multitude – infinie – de remarques et de commentaires sont formulables à propos des quatre hypothèses envisagées ici, mais nous vous laissons le plaisir de poursuivre seul cette visite des mondes où l'infini cantorien est considéré comme une réalité tangible. Les encadrés 7.4 et 7.5 abordent brièvement la question de l'hypothèse du continu et celle de la comparaison des livres infinis. L'encadré 7.6 esquisse l'idée d'un Internet infini.

ENCADRÉ 7.4

L'hypothèse du continu et les livres infinis

L'hypothèse du continu HC n'est pas sans importance pour les livres infinis. L'hypothèse du continu signifie qu'il n'existe pas d'infini de taille intermédiaire entre celle des entiers (l'infini dénombrable) et celle des réels (le continu) (voir le chapitre 4).
Dire que l'hypothèse du continu est fausse équivaut à dire :
il existe un livre *I*, dont le nombre de feuilles est intermédiaire entre celui du livre $\mathcal{A} = \{1/n ; n > 0\}$ et celui du livre $\mathcal{R}$.
En enlevant simultanément une page à *I* et à $\mathcal{A}$, un moment vient inévitablement où $\mathcal{A}$ n'a plus aucune page, alors que I en possède encore. Pour cette opération d'effeuillage infini, on imagine qu'on est autorisé à faire des doubles arrachages – une page est arrachée de chaque livre simultanément – à des instants ayant des points d'accumulation (par exemple aux instants 1, 1/2, 3/4, 7/8, 15/16, etc.).
À l'inverse, en opérant des doubles arrachages pour *I* et $\mathcal{R}$, vous épuiserez toujours *I* avant d'avoir vidé $\mathcal{R}$, et cela quel que soit l'ordre dans lequel vous choisirez les pages de *I* et de $\mathcal{R}$.
Trouver un livre I qui ne s'épuise jamais avec $\mathcal{A}$, et qui s'épuise toujours avant $\mathcal{R}$, serait une preuve matérielle de l'existence d'un infini intermédiaire entre le dénombrable et le continu (donc de la fausseté de l'hypothèse du continu).
Une sorte d'expérience cruciale donnerait donc la possibilité de discriminer entre l'hypothèse du continu et sa négation.

ENCADRÉ 7.5

Livres indiscernables

Si les manipulations qu'on réussit à faire avec les livres infinis sont seulement les suivantes :
– ouvrir le livre au hasard par la méthode de la lame de couteau ;
– tourner une à une, par la méthode du doigt mouillé, les pages de texte découvertes à partir d'une couverture ou après avoir ouvert le livre au hasard ;
et si, de plus, on fait abstraction de ce qui peut être écrit sur les pages imprimées, alors des livres associés à des ensembles différents seront parfois indiscernables, quel que soit le nombre de manipulations opérées.
C'est le cas bien sûr du livre $\{1/n ; n > 0\}$ qui sera indiscernable du livre $\{1/2^n ; n > 0\}$, ou du livre $\{1/(2n + 1) ; n > 0\}$.
C'est le cas encore des livres $\{1/2 - 1/n, 1/2 + 1/n ; n > 0\}$ et $\{1/3 - 1/n, 1/3 + 1/n ; n > 0\}$.
Des livres *topologiquement* différents comme $[0, 1]$ et $[0, 1] - \{1/2\}$ sont malheureusement indiscernables à l'expérimentateur qui ne dispose que des deux méthodes d'exploration indiquées. Pour réussir à les distinguer, il faudrait disposer d'une technique d'observation supplémentaire, permettant par exemple d'ouvrir un livre à un endroit infiniment précis choisi à l'avance ($x = 1/2$, $x = \pi$, etc.).

ENCADRÉ 7.6

Un Internet infini

Il est facile d'imaginer une version moderne des livres infinis.
On peut simplement faire l'hypothèse que les URL des pages Internet n'aient pas de taille limitée (dans la réalité, cette taille est limitée ; le logiciel Internet Explorer impose par exemple la limite de 2 083 caractères par URL).
Cependant, même avec ces URL non limités, rien d'équivalent au livre $\mathcal{R}$ n'est possible à première vue : en informatique tout est numérisé, et la combinatoire des pages possibles ramène alors à l'infini dénombrable.
Un moyen d'en sortir est d'imaginer une page offrant la possibilité de tirer au hasard une autre page par un procédé aléatoire qui produit un nombre réel entre 0 et 1. En lançant le procédé, on serait envoyé sur une page correspondant au nombre aléatoire tiré. Cette page pourrait contenir une liste d'informations sur le nombre réel x tiré, et pourquoi pas la liste exhaustive de ses décimales qu'on verrait en faisant défiler la page. Ce serait une sorte de dictionnaire infini des constantes numériques. Bien sûr, on peut imaginer cela avec les suites numériques d'entiers et rêver ainsi d'une version – infiniment riche cette fois – de l'*Encyclopédie des suites numériques* de Neil Sloane (voir : http://www.research.att.com/~njas/sequences/).

Imaginaire ?

Cette histoire et ses variantes à peine formulées démontrent qu'accepter l'infini des nombres réels permet d'imaginer des situations dont la cohérence, qui apparaissait douteuse à première vue, est en définitive tout à fait satisfaisante. Le monde des mathématiques, et c'est l'une de ses caractéristiques remarquables, nourrit l'imagination et conduit à concevoir de nouveaux univers non contradictoires et merveilleux, même lorsqu'ils sont profondément différents de notre *monde réel.*

Comment réussissons-nous à construire, en pensée et par jeu, de tels univers imaginaires ? C'est là un des plus grands mystères philosophiques. Notons aussi qu'il ne faut pas trop rire des livres infinis de cette histoire, car ils ne font que tirer des conséquences naturelles de l'usage des nombres réels dont, pour l'instant, personne n'a vraiment trouvé le moyen de se passer dans les sciences de la nature.

Si vous aimez les questions de philosophie des sciences, les infinis-livres en suggèrent de nombreuses. En voici quatre :

– Comment se peut-il que des situations déraisonnables pour notre monde physique ne le soient pas dans le monde mathématique ?

– Pourquoi, alors que nos moyens cognitifs semblent en tout point limités et finis, arrivons-nous à comprendre l'infini et à progresser dans sa connaissance (voir le chapitre 4) ?

– Pourquoi, en définitive, le physicien qui recourt sans retenue à l'infini (du dénombrable et du continu) dans les formalismes de ses théories et modèles ne le prend-il jamais au sérieux et au fond n'y croit-il pas ?

– Comment réconcilier l'infini inévitable des lois et modèles de la science et la nécessité ressentie communément d'un mode d'accès crédible – donc fini – à ces lois et modèles ?

Bibliographie

Chapitre 1

Pour des logiciels permettant de voir évoluer les configurations du *Jeu de la vie*, il existe plusieurs simulateurs fonctionnant sur les ordinateurs personnels. Le calculateur Golly (logiciel *open source*) semble aujourd'hui un des meilleurs. Voir : http://golly.sourceforge.net/

Pour trouver des informations régulièrement mises à jour concernant le *Jeu de la vie* sur Internet, partir des pages Wikipedia :

http://fr.wikipedia.org/wiki/Jeu_de_la_vie

http://en.wikipedia.org/wiki/Conway's_Game_of_Life

Elwyn BERLEKAMP, John CONWAY, Richard GUY, *Winning Ways for your Mathematical Plays*, New York, Academic Press, 1982 ; nouvelle édition : A. K. Peter, 2003.

Matthew COOK, « Still life theory », in *New Constructions in Cellular Automata*, Santa Fe Institute Studies in the Sciences of Complexity, Oxford University Press, p. 93-118, 2003.

Charles CORGE, *Machines de Turing et automates cellulaires. Du trait gravé au très animé*, Paris, Ellipses Marketing, 2008.

Daniel DENNETT, *Freedom Evolves*, Allen Lane, 2003.

Bruno DURAND, Zsuzsanna RÓKA, « The game of life : universality revisited », in *Cellular Automata : a Parallel Model*, vol. 460 de *Mathematics and its Applications*, Kluwer Academic Publishers, p. 51-74, 1999.

Noam ELKIES, « The still-life density problem and its generalizations », in *Voronoi's Impact on Modern Science*, P. Engel et H. Syta (éd.), Institute of Math., Kiev (Ukraine), p. 228-253, 1998.

David EPPSTEIN, « Searching for spaceship », in *More Games of No Chance*, MSRI, n° 42, Cambridge University Press, p. 433-453, 2002.

Martin GARDNER, « The game of life », *Mathematical Games. Scientific American*, 10-1970, 11-1970, 12-1970, 1-1971, 2-1971, 3-1971, 4-1971, 11-1971, 1-1972, 12-1975.

Martin GARDNER, *Wheels, Life and Other Mathematical Amusements*, New York et San Francisco, W. H. Freeman, 1983.

John von Neumann, *Theory of Self-Reproducting Automata*, A. W. Burks, Urbana, University of Illinois Press, 1966.

William Poundstone, *The Recursive Universe. Cosmic Complexity and the Limit of Scientific Knowledge*, Oxford University Press, 1985.

Stephen Wolfram, *A New Kind of Science*, Wolfram Media Inc., 2002.

Chapitre 2

Elwyn Berlekamp, John Conway, Richard Guy, *Winning Ways for your Mathematical Plays*, New York, Academic Press, 1982 ; nouvelle édition : A. K. Peter, 2003.

Charles Bouton, « Nim, a game with a complete mathematical theory », *The Annals of Mathematics*, 3, p. 35-39, 1902.

John Conway, *On Numbers and Games*, New York, Academic Press, 1976 ; nouvelle éditon : A. K. Peter, 2000.

Thomas Ferguson, *Games Theory*, 2005 : http://www.math.ucla.edu/~tom/Game_Theory/comb.pdf

Patrick Grundy, « Mathematics and games », *Eureka*, 2, p. 6-8 ; Eureka, 27, p. 9-11, 1939.

Richard Guy, « Impartial games », in *Games of No Chance*, MSRI Publications, n° 29, Nowakowski (éd.), Cambridge University Press, p. 61-78, 1996.

Julien Lemoine, Simon Viennot, *A Further Computer Analysis of Sprouts*, 2007 : http://compmath.files.wordpress.com/2008/08/a_further_computer_analysis_of_sprouts.pdf

Eliakim Moore, « A generalization of a game called Nim », *The Annals of Mathematics*, 11, p. 93-94, 1910.

Chapitre 3

James Carses, *Finite and Infinite Games*, New York, Balantine Book, 1992.

Herbert Gintis, *Game Theory Evolving. A Problem-Centered Introduction to Modeling Strategic Interaction,* Princeton University Press, 2000.

Joseph Henrich, Robert Boyd, Samuel Bowles, Colin Camerer, Ernst Fehr, Herbert Gintis et Richard McElreath, « Cooperation, reciprocity and punishment in fifteen small-scale societies », *American Economics Review*, mai 2001.

Joseph Henrich, Robert Boyd, Samuel Bowles, Colin Camerer, Ernst Fehr et Herbert Gintis, *Foundations of Human Sociality : Economic Experiments and Ethnographic Evidence from Fifteen Small-Scale Societies,* Oxford University Press, 2004.

Teck HO, Colin CAMERER, Keith WEIGELT, «Iterated dominance and iterated best-response in experimental "P-Beauty Contests"», *American Economic Review*, 88, 4, p. 947-969, 1998.

John MEYNARD KEYNES, *The General Theory of Employment, Interest, and Money* (chap. 12: «The state of long-term expectation»), New York, Harcourt Brace and Co., 1936. Voir: http://etext.library.adelaide.edu.au/k/keynes/john_maynard/k44g/chapter12.html

Rosemarie NAGEL, «A survey on experimental "Beauty-Contest Games". Bounded rationality and learning», in *Games and Human Behavior, Essays in Honor of Amnon Rapoport*, D. Budescu, I. Erev et R. Zwick (éd.), New Jersey, Laurence Erlbaum Associates Inc., p. 105-142, 1998.

Daniel John ZIZZO, Andrew OSWALD, «Are people willing to pay to reduce others' incomes?», *Annales d'économie et de statistique*, 63-64, juillet-décembre 2001.

Chapitre 4

Joan BAGARIA, *Natural Axioms of Set Theory and the Continuum Problem*, 2007: www.crm.es/publications/04/pr591.pdf

Luca BELLOTTI, «Woodin on the continuum problem: an overview and some objections», *Logic and Philosophy of Science*, III-1, 2005.

Paul COHEN, *Set Theory and the Continuum Hypothesis, New York,* W.A. Benjamin, 1966.

Patrick DEHORNOY, *Progrès récents sur l'Hypothèse du continu (d'après Woodin),* Séminaire Bourbaki, 55e année, p. 915, 2002-2003.

Patrick DEHORNOY, «Au-delà du forcing: la notion de vérité essentielle en théorie des ensembles», *in* J. B. Joinet (éd.), *Logique, dynamique et cognition*, Publications de la Sorbonne, p. 147-170, 2007.

Kurt GÖDEL, «What is Cantor's continuum problem?», *American Mathematical Monthly*, 54, p. 515-525, 1947.

Yuri GUREVICH, «Infinite games and determinacy», *Bulletin EATCS* (European Association for Theoretical Computer Science), n° 38, p. 93-100, 1989.

Akihiro KANAMORI, *The Higher Infinite,* New York, Springer-Verlag, 1994.

Penelope MADDY, «Believing the axioms» (I et II), *Journal of Symbolic Logic*, LIII, p. 481-511, 1988.

Penelope MADDY, *Realism in Mathematics,* Oxford, Clarendon Press, 1990.

Donald MARTIN, «Descriptive set theory: projective sets», in «Handbook of mathematical logic», J. Barwise (éd.), *Studies in Logic*, n° 80, Amsterdam, North-Holland Publishing Company, p. 783-814, 1997.

Donald MARTIN, John STEEL, « A proof of projective determinacy », *Journal of the American Mathematical Society*, 2, p. 71-125, 1989.

Hugh WOODIN, « Large cardinal axioms and independence : the continuum problem revisited », *Mathematical Intelligencer,* vol. 16, n° 3, p. 31-35, 1994.

Hugh WOODIN, « The continuum hypothesis » (I et II), *Notices of the American Mathematical Society*, 48, n° 6 et 7, p. 567-576 et 681-690, 2001.

Hugh WOODIN, « Set theory after Russell. The journey back to Eden », *in* G. Link (éd.), *One Hundred Years of Russell' Paradox*, Berlin, De Gruyter, p. 29-47, 2004.

Chapitre 5

Adresse Internet pour d'autres images et le logiciel gratuit *Transform* : http://www2.lifl.fr/~mathieu/transform/

Jean-Paul DELAHAYE, « Le mélange des cartes », *Pour la science,* n° 233, p. 102-106, 1997.

Jean-Paul DELAHAYE, « Complexités : aux limites des mathématiques et de l'informatique », *Pour la science*, Belin, 2004 (voir le chapitre 22 sur les courbes de Peano).

Robert DEVANEY, *Chaotic Dynamical Systems*, Reading (Massachusetts), Addison-Wesley, 1988.

Heinz-Otto PEITGEN, Hartmut JÜRGENS, Dietmar SAUPE, *Chaos and Fractals, New Frontiers of Science*, New York, Springer-Verlag, p. 536-548, 1992.

Ilya PRIGOGINE, Isabelle STENGERS, *La Nouvelle Alliance,* Paris, Gallimard, 1979 (voir le chapitre 9).

Wikipedia, Transformation du photomaton : http://fr.wikipedia.org/wiki/Transformation_du_photomaton

Wikipedia, Transformations bijectives d'images : http://fr.wikipedia.org/wiki/Transformations_bijectives_d'27images

Wikipedia, Space-filling curve : http://en.wikipedia.org/wiki/Space-filling_curve

Chapitre 6

John COBB, « Nice decompositions of R^n entirely into nice sets are mostly impossible », *Geometriae Dedicata*, vol. 62, 1, p. 107-114, 1996.

John CONWAY, Hallard CROFT, « Covering a sphere with congruent great-circle arcs », *Mathematical Proceedings Cambridge Philosophical Society*, 60, p. 787-800, 1964.

Martin GARDNER, *Knotted Doughnuts and Other Mathematical Entertainments,* New York, W. H. Freeman Company, 1986 (voir le chapitre 12).

Tibor TARNAI, Zsolt GASPAR, « Covering a sphere by equal circles, and the ridigity of its graph », *Mathematical Proceedings Cambridge Philosophical Society*, 110, p. 7189, 1991.

John WILKER, « Tiling R^3 with circles and disks », *Geometriae Dedicata*, vol. 3, 2, p. 203-209, 1989.

Peter WINKLER, *Mathematical Puzzles a Connoisseur's Collection*, Wellesley, Massachusetts, A. K. Peters, 2004 (contient les raisonnements de N. Pippenger et R. Dougherty).

Chapitre 7

John BARROW, *The Infinite Book*, Jonathan Cape, 2005 (malgré son titre, cet ouvrage n'évoque que le *livre infini* du conte de Borges, *Le Livre de sable*).

José A. BERNADETE, *Infinity. An Essay on Metaphysics,* Oxford University Press, 1964 (cité dans *Vicious Circle and Infinity* de Patrick Hughes et George Brecht, p. 26, qui en contient un extrait).

Jorge Luis BORGES, *Fictions*, Paris, Gallimard, 1957 (voir la note de la p. 108). Le texte de la nouvelle *La Bibliothèque de Babel* se trouve en : http://zombre.free.fr/pages_indispensables/bibliotheque_babel.htm

En anglais, avec une belle image : http://jubal.westnet.com/hyperdiscordia/library_of_babel.html

Jorge Luis BORGES, *Le Livre de sable*, Paris, Gallimard, 1975.

Willard QUINE, *Universal Library* : http://jubal.westnet.com/hyperdiscordia/universal_library.html

Index

T

V

W

Y

Z

Table des matières

Crédits photographiques et des illustrations

Page 56 : © StudioCanal, avec l'aimable autorisation d'Alain Resnais – Page 60 : © Alex Kassarin / Wikimedia Commons – Pages 62, 203-211 : illustrations de Francesco De Comité, avec son aimable autorisation – Page 63 : BNF / Gallica – Page 84 : © Frans Lanting / Corbis – Page 94 : © Time & Life Pictures / Getty Images – Page 106 : © Corbis / Bettmann – Page 107 : © Time & Life Pictures / Getty Images – Page 112 : © Académie des sciences / Institut de France – Page 115 : P. J. « The Independence of the Continuum Hypothesis », *Proc. Nat. Acad. Sci.* USA 50, 1143-1148, 1963 – Page 125 : photographie de Andrzej Roslanowski, avec son aimable autorisation – Page 146 : © Domaine national de Chambord – Pages 179-181 : illustrations de Jos Leys, avec son aimable autorisation – Page 189 : © Corbis / Bettmann.

Le Seuil s'engage pour la protection de l'environnement

Ce livre a été imprimé chez un imprimeur labellisé Imprim'Vert, marque créée en partenariat avec l'Agence de l'Eau, l'ADEME (Agence de l'Environnement et de la Maîtrise de l'Énergie) et l'UNIC (Union Nationale de l'Imprimerie et de la Communication).

La marque Imprim'Vert apporte trois garanties essentielles :

- la suppression totale de l'utilisation de produits toxiques ;
- la sécurisation des stockages de produits et de déchets dangereux ;
- la collecte et le traitement des produits dangereux.

RÉALISATION : CURSIVES À PARIS
IMPRESSION : NORMANDIE ROTO S.A.S À LONRAI
DÉPÔT LÉGAL : JANVIER 2010. N° 96483 (094282)
IMPRIMÉ EN FRANCE